研磨废液中碳化硼回收技术与应用

刘 虎 李尹凯 段壮志◎著

吉林大学出版社

长春

图书在版编目（CIP）数据

研磨废液中碳化硼回收技术与应用 / 刘虎，李尹凯，
段壮志著． -- 长春：吉林大学出版社，2021.10
ISBN 978-7-5692-9053-0

Ⅰ．①研… Ⅱ．①刘…②李…③段… Ⅲ．①碳化硼
—回收技术 Ⅳ．① O613.8

中国版本图书馆 CIP 数据核字（2021）第 205610 号

书　　名：研磨废液中碳化硼回收技术与应用
　　　　　YANMO FEIYE ZHONG TANHUAPENG HUISHOU JISHU YU YINGYONG
作　　者：刘　虎　李尹凯　段壮志 著
策划编辑：卢　婵
责任编辑：魏丹丹
责任校对：刘守秀
装帧设计：黄　灿
出版发行：吉林大学出版社
社　　址：长春市人民大街 4059 号
邮政编码：130021
发行电话：0431-89580028/29/21
网　　址：http://www.jlup.com.cn
电子邮箱：jldxcbs@sina.com
印　　刷：武汉鑫佳捷印务有限公司
开　　本：787mm×1092mm　　1/16
印　　张：12
字　　数：130 千字
版　　次：2021 年 10 月　第 1 版
印　　次：2022 年 3 月　第 1 次
书　　号：ISBN 978-7-5692-9053-0
定　　价：66.00 元

前　言

随着我国 LED 照明行业的迅猛发展，处于其产业链上游环节的衬底需求不断增加，从而导致衬底加工所需的碳化硼研磨液用量也随之增长。据资料显示，全国每年产生的研磨废液量有数千吨，对于废液中大量可循环再利用的碳化硼磨料未能进行有效回收，既浪费资源，又污染环境。针对上述问题，本书对 LED 蓝宝石衬底研磨废液中碳化硼磨料的循环再利用问题展开相关研究。主要研究工作如下。

首先，在对 LED 衬底研磨材料和工艺进行相关研究的基础上，重点从废料整体（F240-W）、废液（F240-WL）和废固（F240-WS）的物化特性三个层面对研磨废液料进行了研究。提出了一种针对研磨废液可用水溶性溶剂进行固液分离，且可按固体颗粒粒径差异进行固固分离的新思路。

其次，通过理论和实验对比分析了常规过滤法、离心分离法、重力沉降法以及振动筛分法的可行性。并在此基础上，运用 AHP（层次分析法）法进行了建模和计算，确定振动筛分法为最佳的碳化硼回收方法。

再次，基于振动筛分法，在对碳化硼回收设备初步设计的基础上，利用 TRIZ（发明问题的解决理论）理论中的"九屏幕法"和"SAFC（物质、属性、功能、因果）分析模型"对设备方案进行优化再设计，确定了最终方案，并完成了设备结构的详细设计。

最后，完成了样机实体的加工制作与控制系统的开发，并在生产现场进行了实际应用，实现了研磨废液中碳化硼的有效循环再利用。此外，提出了一套紧贴设备样机应用实际的回收率测定方案，在验证了其可行性的前提下，测定出碳化硼平均回收率达到55.9%。并在碳化硼回收率测算理念基础上，开发设计了一种碳化硼研磨液自动配比系统。

本书在撰写过程中借鉴和参考了当前相关领域的研究成果，在此对有关文献的作者表示感谢。限于作者水平，书中难免存在一些疏漏或不当之处，恳请读者批评指正。

作　者

2021 年 7 月

目　录

第一章 绪 论

近年来，随着科技的不断发展，我国进入工业化中后期阶段。十多年的各产业占比数据（图 1.1）统计显示，中国第二产业比重基本保持在 40% 以上，其中工业比重也始终保持在 30% 以上，但自 2013 年开始，国内的第三产业占比开始超越第二产业。[1] 可见，当今社会创新驱动才是经济增长的源动力。制造业作为第二产业的主力，其产业结构也正在由重工业低端产业转向以高端制造业与生产服务业为主。照明行业在制造业领域中占有一席之地（图 1.2），尤其是 LED 照明新兴行业的崛起与发展，引领了照明行业新的发展潮流，为该行业的高端化制造提供了持续动力。[2]

在照明行业中，LED 光源基于其具有结构牢固、节能、寿命长、环保等优点，被视为继白炽灯、钠灯、荧光灯之后的第四代新型光源，已经成为当今世界最有发展前途的节能技术和产业。我国 LED 产业自 2000 年开始正式启动，纳入国家"五年规划"后，经过 20 多年的不断发展，LED 制造产业链的上游、中游、下游以及综合服务等相关技术得以长足发展。LED 产业在"十三五"发展规划亮点目标"2020 年整体产值 10 000 万亿，其中半导体照明产业整体产值目标为 10 000 亿元"中有着不小的贡献。[3]

这相比 LED 照明产业"十二五"规划中的目标 5 000 亿元翻了一倍。此外，LED 行业产品的零部件和关键技术领域正逐步全部实现国产化。LED 产业"五年规划"发展历程如图 1.3 所示。

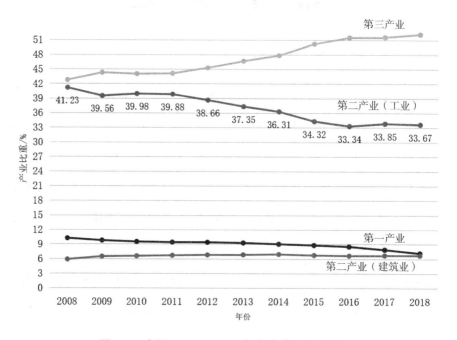

图 1.1　中国 2008—2018 年各大产业占比情况

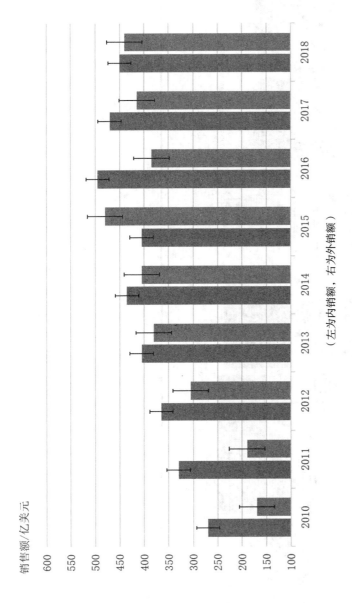

图 1.2 中国照明行业 2010—2018 年销售额

（左为内销额，右为外销额）

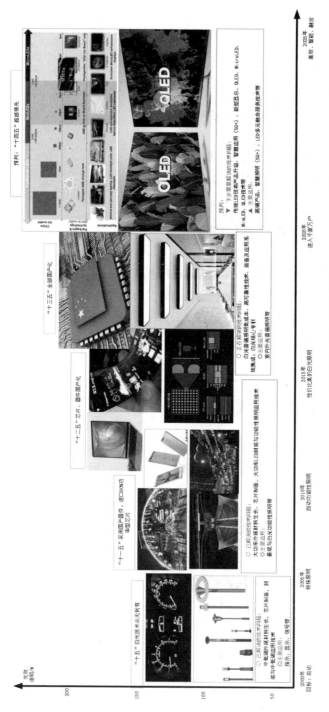

图 1.3 LED 产业 "五年规划"① 发展历程

① 是指 "十五规划" "十一五规划" "十二五规划" "十三五规划" 及 "十四五规划"，连续五个 "五年规划" 的总结和预判，所以说是 "五年规划" 发展历程。

衬底是 LED 产品生产的前提基础，其加工工艺的关键技术集中在研磨环节上。研磨过程大致可分为粗磨和精磨两个环节，无论是粗磨还是精磨，研磨液都需要大量的碳化硼磨料进行配比。有统计数据显示，LED 衬底研磨加工产生的研磨废液量 2017 年约为 5 000 t，2018 年增加到了 6 000 t。[4] 通过工厂实际调研得知，研磨废液中至少有 30% 以上的碳化硼（粒径大于 40 μm）磨料可以回收再利用于研磨，其余碳化硼（粒径小于 40 μm）可用作耐火材料或再加工处理后用于其他产品的再生产。就重庆某光电公司而言，每年碳化硼消耗量接近 50 t，约合 750 万人民币。但由于缺乏简便绿色高效的回收手段，所有废液中的碳化硼只能全部归入耐火材料进行处理。研磨废液中可循环再利用的碳化硼得不到有效回收而导致资源浪费，给企业带来经济压力的同时，对环境也有一定的影响，衬底研磨废液对资源环境的影响如图 1.4 所示。

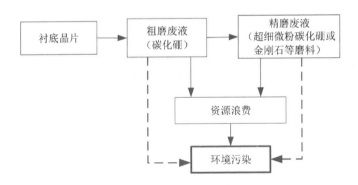

图 1.4 衬底研磨废液对资源环境的影响

宏观层面，LED 产业亟须将综合考虑资源消耗和环境影响的先进制造模式下的高效、循环、低碳、清洁等绿色制造理念[4-6]导入产业实践，注重低污染、低能耗、高资源利用率的技术运用，积极推行集约化、循环化和低碳化的绿色制造技术，有效降低生产过程中的资源环境代价，提高资源利用效率，形成环境污染少、资源消耗低的 LED 产业可持续发展模式。微观层面，在 LED 产业链中，衬底是产业链技术含量高、较为关键的上游产业，也是污染物排放高、能耗高、辅料循环回收利用率低的主要环节。加快推进 LED 衬底研磨环节的绿色制造刻不容缓。

基于上述背景，本书主要针对 LED 衬底（LED 产业链技术流程框架[7] 及本书研究方向如图 1.5 所示）研磨废液中存有可循环再利用的碳化硼磨料问题展开相关研究，属于绿色制造领域，按其体系结构组成[5,8]可归为"绿色回收与处置"项目的"循环利用"和"废物处置"方向（如图 1.6 所示）。通过本书的研究，以期解决研磨废液中碳化硼回收问题，加快 LED 衬底生产工艺的绿色化进程。

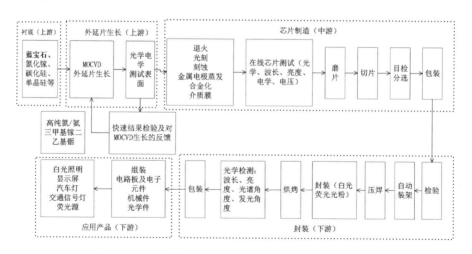

图 1.5　LED 产业链技术流程框架及本书研究方向

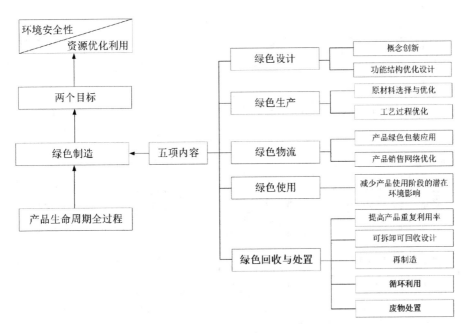

图 1.6 绿色制造的体系结构组成及本书研究方向

第一节 技术现状

LED 是当前制造业内比较有发展势头的新兴产业之一。在 LED 上游衬底材料的生产制造方面,国内外的同行业竞争激烈。国外在 LED 制造领域方面较为领先的国家主要是美、俄、日、法等,如表 1.1 所列,其中美国的卢比肯(Rubicon)、俄罗斯的摩诺克里斯(Monocrystal)、日本的京瓷(Kyocera),被公认为世界前三名。[9]随着改革开放的深化与推进,我国也不断涌现出大批公司企业投入 LED 制造相关领域中去。2019 年全球 LED 衬底市场中国占有率高达 82%(大陆 75%、台湾 7%),如图 1.7 所示。其中,福建晶安和东莞中图综合实力全球名列前茅,如图 1.8 所示。

表 1.1　国外 LED 衬底制造领域相关公司

国家	公司名称	产品 / 技术	领域范围	中国分公司
美国	卢比肯技术	LED 衬底晶片生产	上游衬底	—
美国	GELCORE	LED 外延片，小中功率产品	上游外延片	—
美国	Intematix	LED 芯片，集成封装等	上游外延片	苏州、深圳等
美国	CREE	碳化硅、氮化镓、硅衬底等	上游衬底等	香港沙田
俄罗斯	Monocrystal	LED 的大直径蓝宝石衬底	上游衬底	—
日本	KYOCERA	半导体零部件等	上游、中游	上海、东莞等
日本	NICHIA	荧光粉及半导体材料	上游衬底等	深圳、台湾等
日本	Sanken	半导体产品技术研发，薄型电视	上游、下游	上海、大连等
日本	ToyodaGosei	蓝光、紫外线、荧光和白光 LED	上游、中游	上海等
法国	SaintGobain	晶体材料及磨料	全产业链	—
法国	Yole	复合半导体、固态照明 LED	上游外延片	—
瑞典	Norstel	LED 衬底制造；碳化硅材料	上游衬底等	—

　　国内 LED 衬底制造领域相关公司，由表 1.2 可知，云南蓝晶、重庆四联等厂商的企业品质与产能都具有较大影响力，甚至某些关键技术已经跻身世界前列。[10]

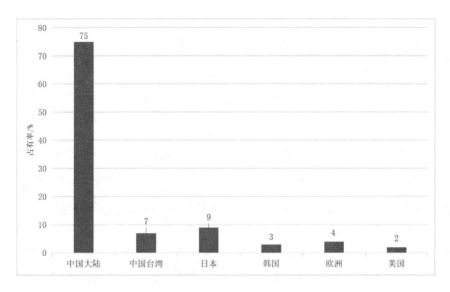

图 1.7 2019 年全球各区域 LED 衬底市场占有率

数据来源：中商产业研究院数据库。

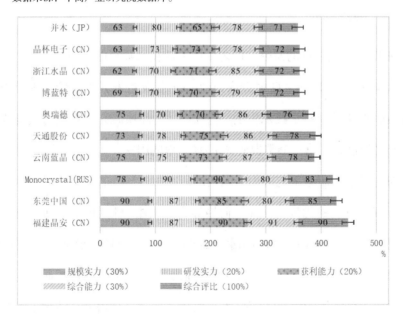

图 1.8 全球十大 LED 衬底厂商综合排名

数据来源：中商产业研究院数据库。

表 1.2 国内 LED 衬底制造领域相关公司

国内公司企业	总部	产品/工艺	领域范围
协鑫（集团）	香港	光伏材料等产业链	上游衬底材料等
江西联创光电	江西南昌	LED 芯片、外延片等	上游、中游
三安光电	福建厦门	全色系 LED 外延片等	上游、中游、下游
浙江东晶电子	浙江金华	LED 图形化蓝宝石衬底	上游、中游、下游
重庆四联光电	重庆	蓝宝石衬底、LED 研发	上游、中游、下游
露笑科技	浙江诸暨	蓝宝石衬底、光伏发电	上游衬底及综合技术
浙江晶盛机电	浙江绍兴	长晶炉、半导体设备	上游衬底及综合技术
天通控股	浙江海宁	蓝宝石等材料智能装备	上游衬底及综合技术
浙江水晶光电	浙江台州	蓝宝石及 PSS 衬底等	上游、中游、下游
云南蓝晶科技	云南玉溪	长晶研发、衬底生产等	上游衬底及综合技术
华盛天龙光电	江苏常州	光伏及 LED 生产设备	上游及中游综合技术

一、国内现状

在 LED 衬底领域的研究，国内一些关键技术甚至已经领先世界。例如南昌大学 2015 年因在"硅衬底高光效 GaN 基蓝色发光二极管"项目中的研究贡献而获国家科学技术发明一等奖[11]，此项研究成果使得我国成了继美日之后世界上第三个掌握蓝光 LED 技术的国家。

在衬底基片研磨工艺方面，国内的研究相对国外具有方向较宽、范围较广、资料较多的优势。比如，何艳等[12]在国内外其他学者研究化学机械抛光（2007、2014）、机械研磨（2009、2012）、磁流变抛光（2010）、离子束抛光（2013、2014）等方法的基础上，提出了采用机械研磨与光催化辅助化学机械抛光组合工艺对单晶碳化硅晶片进行抛光，实现了抛光工艺的高效超精密。

在衬底研磨料的回收再利用方面，国内一些有前瞻性的高校及公司企业已经开始了相关方面的研究。

东北大学邢鹏飞[13]教授团队（材料与冶金学院）的严茜[14-15]、李欣[4、16-17]等以云南蓝晶科技有限公司生产过程中蓝宝石衬底研磨废料（碳化硼 J240-W）为对象，针对碳化硼超微粉的回收和制备进行了持续数年的相关研究。主要工作是通过对碳化硼的制备方法、碳化硼的应用、研磨废料的物性展开研究分析后，侧重去除研磨后的干磨料混合物中的 α - 氧化铝和三氧化二铁，从而回收得到碳化硼。其具体方法是通过固液分离、酸洗除杂、破碎、提纯、水选和干燥等多道工序将蓝宝石衬底研磨废料浆中的碳化硼进行回收。

中国科学院青海盐湖研究所的彭正军[18]等发明了一种从蓝宝石研磨废料中回收提纯碳化硼的方法。主要是将研磨废料先进行筛分，接着进行磁选（去除铁质杂质），再置于酸化介质中进行酸溶（去除硅质杂质），经一次固液分离后与碱性溶液混合，并于 $150 \sim 300\,℃$ 下水热反应 $1 \sim 20\,h$ 后，经二次固液分离后，再经水溶，最后经三次固液分离，干燥回收得到碳化硼。

青岛鑫嘉星电子科技股份有限公司蔡佳霖等[19]发明了一种碳化硼研磨液回收循环再利用方法。主要是先倒掉精研磨废液上表层的水溶液，对剩余底层的碳化硼测重，加入 RO 水搅拌均匀，再加入粗磨悬浮剂，经充分搅拌后得到可以再用的研磨液。

玉溪恒宇科技有限公司吴龙宇[20]等发明了一种碳化硼研磨蓝宝石产生的废液的提纯工艺方法。其方法主要步骤：稀释—过滤—旋流分级—溢

流料浆处理—碱洗—酸洗—烘干（温度范围：120 ~ 150℃，烘干时间：18 ~ 24 h）—破碎至粉状（碎后粒径：7 ~ 120μm）—风选分级。

烟台同立高科新材料股份有限公司陈晓光等[21]发明了一种蓝宝石用抛光废浆中的碳化硼回收利用的方法。其方法主要步骤：先将废浆与降黏剂（按照质量百分比为 2.5 : 10 ~ 5.8 : 10）搅拌混合，经一次固液分离后，再加入降黏剂搅拌混合，经二次固液分离后，加水搅拌混合，经超声波清洗后旋流分离，通过磁槽或酸洗除铁后，再经离心分离、离心水洗、离心分离、碱洗后，加酸调整 pH 值到 7.1 ~ 7.5，采用沉降分级或溢流分级出碳化硼悬浮液后，再经固液分离，最后烘干，得到 W7 和 W5 两型号的碳化硼粉体。

李保中[22-23]等针对立方氮化硼、金刚石磨料等微粉的提纯开展了相关研究，主要是将含有杂质的立方氮化硼磨料等微粉加入硫酸、硝酸，搅拌均匀放入玻璃反应釜中，打开搅拌，开始加热，保持溶液温度 200 ~ 250℃，保持釜体内溶液沸腾，产生的酸气用冷凝装置单独回收，反应完成后，关闭加热电源，待酸液冷却至 60℃以下时排放清洗。其可以达到提纯目的（钛、钛基化合物、碳、碳基化合物以及金属、金属氧化物杂质总含量低于 0.1%）。

综上所述，国内学者在研磨废液碳化硼磨料回收方面的研究，从理论、方法层面均是可行的，也具有一定的参考价值。但是从绿色制造的理念角度看，如表 1.3 所示，回收方法和工艺相对复杂，能耗较高，耗时较长，相对于碳化硼磨料原材料的制备而言，降本增效和节能环保等效果不明显。因此，当前没有对研磨废液中的碳化硼磨料进行切实有效的回收再利用。

表 1.3 国内同类技术参数对比

技术参数	东北大学	中国科学院青海盐湖研究所	玉溪恒宇科技有限公司	烟台同立高科新材料股份有限公司	河南富耐克超硬材料股份有限公司
主要方法	酸洗除杂、干燥提纯	酸洗碱洗交替、多次固液分离	碱洗酸洗交替、旋流分级、风选分级	离心分离、酸洗碱洗	高温酸化提纯
温度条件	高温烘干	150～300℃	120～150℃	高温烘干	200～250℃
添加化学用剂	酸、碱	酸、碱	酸、碱	降黏剂、酸、碱	硫酸、硝酸
周期耗时	＞24 h	＞24 h	＞24 h	＞24 h	＞24 h
耗 能	中	大	大	中	大
回收粒径	J240-W	—	7～120μm	W7、W5	—
降本增效	中	低	低	中	低
节能环保	中	低	低	中	低

二、国外现状

通过文献查阅和调研,目前国外在 LED 衬底研磨废液中碳化硼循环再利用方面的研究很少。国外在此领域的研究主要集中在解决衬底基片加工工艺等方面的优化问题,更侧重于对衬底基片研磨工艺方法的探索研究,涌现出了一大批相关技术,比如化学机械研磨(CMG)[24]、机械抛光(MP)[25]、化学机械抛光(CMP)[26]、浮法抛光(float-polishing)[27]、机械化学抛光(MCP)[28]、水合抛光(hydration-polishing)101[29]、离子束抛光(IBF)[30]、水射流(FJP)[31]、超声波辅助振动化学机械抛光(UFV-CMP)[32]以及磁流变抛光(MRF)[33]等工艺方法。尽管国外在本课题领域的研究较少,但是通过文献查阅发现国外在对工业废料中固体颗粒物料或金属化合物回收再利用方面的研究,可为本课题的研究提供思路和方法层面的参考。

Bendikiene 等[34]提出了一种采用埋弧焊接的方式从工业金属废料（如碳化硼废料）中回收再利用于材料表面作为高耐磨涂料的方法。该方法针对含有硬质金属的工业废料（如制造中产生的各种合金钢、铸铁的切屑、磨碎的砂轮屑、硬质金属镶块和其他的碎屑），通过采用埋弧焊接的方式对磨损材料的缺陷进行填缝加固，不仅修复了原材料，还增大了原材料的表面强度。以此实现了工业金属废料的循环再利用。

Hachichi 等[35]综述了用于光伏太阳能级硅材料的回收方法，即过滤、沉降、超导磁选、定向凝固、等离子氧化、电磁分离、离心分离、高温重熔以及气泡浮选（美国专利 U.S.6780665B2）等九种方法。每种方法都可以实现不同微米级别的硅材料回收，并且各有利弊。例如，过滤可以回收 $10\mu m$ 以上的硅材料颗粒，但是过滤操作只能在间歇过程中进行，不能在连续模式下进行。

日本柯尼卡美能达株式会社的乾智惠等[36]针对使用过的研磨材料的浆料中得到高纯度的再生研磨材料开展了相关研究。研磨材料是选自氧化铈、金刚石、氮化硼、碳化硅、α–氧化铝以及氧化锆中的至少一种，该方法实施起来较困难且未获得理想的结果。

Abdel-Mawla 等[37]提出了一种用于回收制备碳化钨切割材料的锌熔体法，回收的物料循环再利用，加上新鲜物料便可用于制备新样品，由此降低生产制造过程的材料总成本。这种利用回收料加新料配制新样品的思路方法值得借鉴。

通过 LED 衬底研磨废液中碳化硼循环再利用方面国内外研究现状的分析，可知该领域国外研究尚属空白，国内研究较多地局限于理论层面，而真正付诸实践应用的极少，本课题的研究将克服上述问题，旨在寻求一种既简便又实用的研磨废液中碳化硼循环再利用方法，设计一套可行有效的系统方案，最终将理论付诸实践，同时开发一套碳化硼循环再利用的设备样机。

第二节　研究意义

如今的制造业正在全面推行绿色制造，《中国制造2025》将"绿色制造工程"列为制造强国战略的五大工程之一（其余四大工程为强化基础工程、制造业创新中心建设工程、智能制造工程和高端装备创新工程），同时也已明确提出将绿色发展作为核心内容之一，并在电子等重点领域中全面推行。[38]因此，本课题展开对LED衬底研磨废液中碳化硼循环再利用方法和样机开发的研究，有着重要意义。

（1）经济效益。碳化硼原料的生产是高能耗产业，每生产1 t的碳化硼原料就要耗用50 000度电[21]（1度 =1 kW·h）。目前市面上各规格型号的碳化硼平均价格约为130元/kg。[39]有数据报告显示，近年来，由于碳化硼磨料具有优良的性能，其需求量迅速增加。[40]若将研磨废液中的碳化硼进行循环再利用，既降低成本投入，又能产生较大的经济效益，即降本增效。

（2）生态效益。通过对研磨废液中碳化硼的回收利用，可有效降低生产中的资源环境代价，提高资源利用率；满足LED照明对绿色制造关键技术方法的迫切需求，推进LED生产辅料的循环利用，实现清洁生产，即节能环保。

（3）推广应用。通过设计开发一套研磨液中碳化硼磨料的循环再利用设备样机，不仅能够应用于实际生产，还能够推广运用，扩大综合效益。截至 2019 年，磨料磨具行业的大小生产企业约有 2 000 家。[40]如果能将该循环再利用系统进一步推广应用到其他研磨介质（如氮化硼、刚玉、碳化硅、人造金刚石等）的循环回收利用，其综合效益会更大，即拓展运用。

综上所述，针对 LED 衬底研磨废液中碳化硼循环再利用问题展开相关研究，意义重大，既适应企业生产的迫切需求，又具有一定的经济效益和生态效益，还可在类似产业领域进行推广应用。

第三节　研究内容

一、技术路线

课题主要以重庆某光电公司提供的 LED 蓝宝石衬底粗磨环节的研磨废液为研究对象，针对研磨废液中碳化硼磨料的循环再利用问题展开回收方法和循环再利用系统的开发等研究。通过工厂调研、文献查阅等梳理出可行理论方法；基于 AHP 法数学建模优选回收方法；进行回收设备结构设计方案的初步探索；基于 TRIZ 理论工具对方案优化再设计；最后将该方法系统研发制作样机并检验其应用效果。本书具体研究技术路线，如图 1.9 所示。

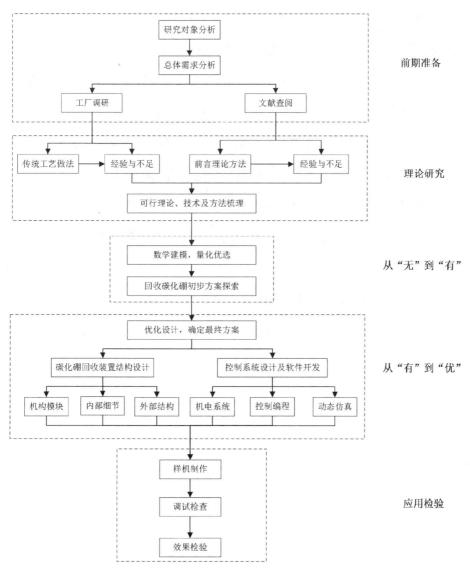

图 1.9　研究的技术路线

二、内容结构

各章内容和结构框架如图 1.10 所示。

第一章简介LED衬底行业的国内外发展历程，分析了国内外研究现状，明确了研究意义，确立了技术路线和研究内容。

第二章在对LED衬底材料和碳化硼磨料概述的基础上，分析研磨机理和工艺方法，重点研究研磨废液料中固液成分的物化特性。

第三章对LED衬底研磨液中碳化硼的回收方法展开分析讨论，并运用AHP法进行数学建模，通过计算优选出最优的碳化硼回收方法。

第四章初步探索设计回收设备的结构，基于TRIZ理论优化设计思路，确定最终方案。完成碳化硼循环再利用设备样机各功能模块和内外结构的设计。

第五章展开设备样机系统的加工制作与应用检验。

第六章总结与展望。总结课题的研究成果，对后续的研究工作进行了展望。

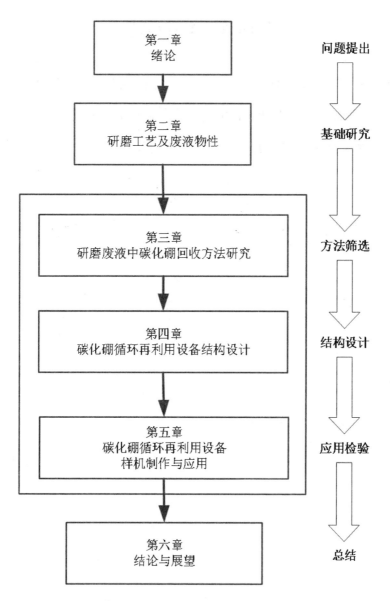

图 1.10 课题的内容结构

第四节　本章小结

本章简介了 LED 衬底行业发展的基本情况，分析了国内外研究现状，阐述了课题选题背景，提出了研究问题，明确了研究意义，确定了研究的技术路线和主要内容及结构框架。

第二章 研磨工艺及废液物性

针对 LED 研磨废液中碳化硼循环再利用问题，本书首先对 LED 衬底研磨材料中的蓝宝石衬底和碳化硼磨料进行了简析，对衬底研磨工艺中的加工流程、研磨机理和研磨方法进行了分析。基于此，本章重点研究了研磨废液料的整体、液体和固体三个层面的物化特性，为后续碳化硼回收方法的研究打下基础。

第一节 LED 衬底研磨材料

一、蓝宝石衬底

当前用作 LED 的衬底晶片主要有碳化硅、单晶硅、氮化镓以及蓝宝石四种，四种材料特征如表 2.1 所示。其中碳化硅衬底是美国 CREE 公司的专利，全球大约有 90% 的 LED 产品都在使用蓝宝石作为衬底。王如刚等[41]通过对蓝宝石和碳化硅等衬底材料对比分析，梳理了几种 LED 衬底材料的各自优缺点，总结得出 LED 衬底晶片较为成熟的材料是蓝宝石，不光是在当时，即使是现在仍然没有能够完全替代蓝宝石的衬底材料。由此可见，蓝宝石是当前使用最为成熟的衬底材料。

表 2.1　LED 主要衬底材料及其特征对比

材料成分	生产成本	晶格匹配度	应用范围
蓝宝石	中等	高	90% LED 在用
碳化硅	是蓝宝石的 5 倍	高	Cree 公司独用
氮化镓	是蓝宝石数百倍	较高	实验室阶段
单晶硅	低	低	无商业应用

　　蓝宝石（sapphire），主要成分为 Al_2O_3（α – 氧化铝），具有电绝缘性好、高硬度、耐腐蚀、高强度、耐高温以及透光性能好等优点。蓝宝石晶体具有复杂的物理结构，蓝宝石晶体结构如图 2.1 所示，蓝宝石的性质参数如表 2.2 所示[42]。因此，蓝宝石可以广泛应用于微电子、量子电子、高精度光学、纳米技术等领域。[43]

　　蓝宝石通常在长晶炉内生长成晶体，而后通过掏棒和切片得到最初的蓝宝石基片，如图 2.2 所示。蓝宝石基片若要用作 LED 衬底，还需要一系列相对烦琐的工序流程和比较复杂的工艺进行加工，其中研磨就是较为重要的工序之一。

　　就 LED 的器件及 GaN 基材料的外延层生长方面而言，主要是以蓝宝石材料为衬底的，其发光结构原理如图 2.3 所示。归纳而言，蓝宝石作为衬底材料有以下优势：一是蓝宝石的长晶工艺相对成熟，其产品器件质量也相对较高；二是蓝宝石耐高温，有良好的稳定性，是用作 LED 衬底的良好选择；三是蓝宝石的晶格在匹配度方面较高，并且容易清洗处理。所以，现在全球绝大多数的 LED 企业仍然采用蓝宝石基片作为首选的衬底材料。[44]本书也正是以蓝宝石材料衬底作为基础展开相关内容的研究。

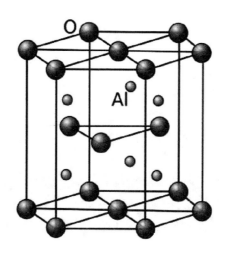

图 2.1 蓝宝石晶体结构示意图

表 2.2 蓝宝石的性质参数

性质	参数
成分	三氧化二铝（Al_2O_3）
密度	3.95 ~ 4.1 g/cm^3
莫氏硬度	9（仅次于金刚石）
熔点	2 045 ℃
沸点	3 000 ℃
比热容	0.418 J/（kg · K）
热导率	25.12 W/（m · K）
折射率	no =1.768 ne =1.760
透光特性	$T \approx 80\%$（0.3 ~ 5 μm）
介电常数	11.5（∥ C），9.3（⊥ C）

蓝宝石晶体　　　　　　蓝宝石晶棒　　　　　　蓝宝石衬底基片

图 2.2 蓝宝石从晶体到基片过程

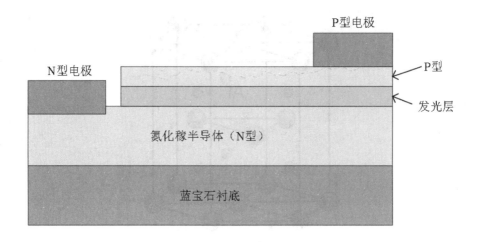

图 2.3　LED 蓝宝石衬底发光结构原理示意图

二、碳化硼磨料

碳化硼（boron carbide），如图 2.4、图 2.5 所示，通常为灰黑色微粉。硼碳化合物首次被发现于 1858 年，1883 年 B_3C 被鉴定，1894 年 B_6C 被确定，1934 年 B_4C 被认定具有较为稳定的结构。[45-47] 由于其具有高硬度（仅次于立方氮化硼和金刚石）、低密度（2.52 g/cm³）、高熔点（2 450 ℃）以及良好的热中子吸收性能、优良的耐磨性和耐腐蚀性等特点，在工程陶瓷材料、磨料研磨材料、军工防弹装甲材料、耐火材料以及核反应堆的屏蔽材料等很多工业领域被广泛用。[48-49]

图 2.4　碳化硼粉末

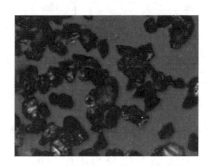

图 2.5　显微镜下的碳化硼颗粒

　　碳化硼原料的生产是高能耗产业，制备碳化硼的方法复杂，能耗巨大，操作繁杂，各种制备方法及工艺特点分析如表 2.3 所示[29,46]。文献[35]显示，每生产 1 t 碳化硼原料就要耗用 50 000 度电。以前国外生产碳化硼的公司大多集中于德国、日本以及美国等经济发达国家，然而因为能源和人工费用昂贵，加上生产碳化硼的过程复杂，环境污染隐患大，所以国外几乎都不再生产碳化硼。目前市面上各规格型号的碳化硼均价为 130 元 /kg 左右。[39]我国目前生产碳化硼的主要厂家大多分布于黑河、牡丹江、通辽及大连等地，主要的生产企业有大连金玛科技产业有限公司和牡丹江金钢钻碳化硼精细陶瓷有限公司等。

表2.3 制备碳化硼的方法梳理与分析

合成方法	化学反应方程式	方法优点	方法缺陷
碳热还原法	$2B_2O_3+7C = B_4C+6CO$ $4H_3BO_3+7C = B_4C+6CO+6H_2O$	氧化物的转化率高，反应速率快	硼源需过量，导致成本高
自蔓延高温合成法	$5Mg+2B_2O_3+2C = B_4C+5MgO+CO$	过程简单，反应速率快，所需温度低，合成碳化硼纯度高	反应不均匀，粒度分布较宽，合成残留物难去除，成本较高
元素直接合成法	$4B+C = B_4C$	合成碳化硼纯度高，碳硼比易控制	制备条件苛刻，生产成本很高
化学气相沉积法	$4BCl_3+CH_4+4H_2 = B_4C+12HCl$	污染小，合成碳化硼纯度高	产率低，条件苛刻，成本较高
机械合金化法	$2B_2O_3+5Mg+C = B_4C+5MgO+CO$	新型方法，降低反应物扩散激活能，低温下可反应	仍处于实验阶段，还未大规模应用于工业生产

　　LED衬底研磨加工中需要消耗大量碳化硼磨料。目前流行于市面的碳化硼磨料规格型号大致可以分为中国标准、欧洲标准和日本标准三类，具体见表2.4。本书研究所涉及的碳化硼磨料的型号标准为欧洲标准。根据欧标碳化硼磨料粒度组成的标记可分为粗磨粒（标记为F4～F220）和微粉（标记为F230～F2000）两类，对应各粒度范围的化学成分详见表2.5。

表2.4 碳化硼磨料标准及型号

区域	标准	型号粒度
中国	GB/T2481 （中国国家标准推荐）	60# 80# 100# 120# 150# 180# 240# 280# 320# 360# 400# 500# 600# 800# 1000#1200# 1500# W40 W28 W20 W14 W10 W7 W5 W3.5 W2.5 W1.5 W0.5 –325 60–150# 80–120#
欧洲	FEPA （欧洲磨料磨具生产联合会）	F60 F80 F100 F120 F150 F180 F220 F240 F280 F320 F360 F400 F500 F600 F800 F1000 F1200 F1500 F2000–325 F60–150 F80–120

续表

区域	标准	型号粒度
日本	JIS（日本工业标准）	J60 J80 J100 J120 J150 J180 J220 J240 J280 J320 J360 J400 J500 J600 J800 J1000 J1200 J1500 J2000 J2500 J3000 J4000 J6000 J8000　J60-150 J80-120

表2.5　碳化硼磨料各粒度产品的化学成分

粒度范围	B_4C / %	$B_总$ / %	$C_总$ / %	B_2O_3 / %	$C_游$ / %	Fe_2O_3 / %
F4 ~ F90	≥ 95.00	≥ 76.00	≥ 20.00	≤ 0.20	≤ 1.50	≤ 0.25
F100 ~ F220	≥ 96.00	≥ 77.00	≥ 20.50	≤ 0.15	≤ 2.00	
F230 ~ F600	≥ 95.00	≥ 76.50	≥ 20.00	≤ 0.15	≤ 3.00	
F800 ~ F1200	≥ 92.00	≥ 75.00	≥ 20.00	≤ 0.20	≤ 4.00	

　　本书中主要是研磨液所用型号为F240规格的碳化硼磨料，其纯品粒径检测如图2.6所示，粒度组成见表2.6[50]。综合图表可知，F240碳化硼磨粒粒径尺寸集中于 40 ~ 80 μm 范围之间。因此本书研究的回收循环再利用于配制研磨液的目标碳化硼粒径即为大于 40 μm。

　　据报道，近年来，由于碳化硼磨料具有优良的性能，需求量激增。[40]因此，通过对研磨废液中碳化硼的回收循环利用，能够有效降低生产中的资源环境代价，同时提高资源利用率，推进 LED 资源高效循环利用及清洁生产，在节约大量能源的基础上，实现真正意义上的绿色制造。

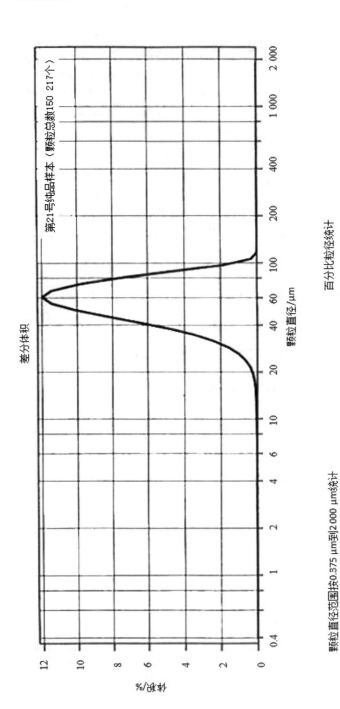

图 2.6 碳化硼纯晶粒径检测

表 2.6　F240 粒度组成

粒度标记	ds0 最小值 /μm	ds3 最小值 /μm	ds50 最小值 /μm	ds95 最小值 /μm	测量设备
F240	——	70.00	44.50 ± 2.0	28.00	光电沉降仪
F240	105.00	68.00	47.50 ± 2.0	32.00	沉降管粒度仪

第二节　衬底研磨工艺

一、衬底加工流程

LED 蓝宝石衬底的原材料来自由蓝宝石长晶后的晶体，通过一系列较为繁杂的工序，最终实现可用于 LED 衬底的晶片。其主要加工流程包括长晶炉内长晶、掏棒定向、掏出晶棒、晶棒滚磨、品质检查、切片定向、晶棒切片、晶片研磨、晶片倒角、晶片抛光、晶片清洗以及晶片品检等工序，可分为以下三个阶段。

第一阶段：长晶—掏棒。

长晶，即在长晶炉内生长出各尺寸、高品质的单晶蓝宝石晶体；定向，即为确保蓝宝石晶体在掏棒机台上位置，进行的操作，以便下步掏棒；掏棒，即用一定的方式将蓝宝石的晶棒从其晶体中取掏出来（包括端面磨和去头尾）。

第二阶段：滚磨—研磨。

磨床滚磨，即对晶棒通过外圆磨床进行外圆的磨削，从而确保外圆在尺寸上足够精确；品质检查，即确保掏出的晶棒品质、尺寸和方位等符合要求；切片定向，即将晶棒在切片机上定位准确，为下步精准切片作准备；晶棒切片，是晶片的生成过程，即切割晶棒制成各尺寸规格；晶片研磨，即去除上步切割中遗留的切割损伤，用以改善其表面平坦度（本书研究的对象正是此工艺环节）。

第三阶段：倒角—品检。

晶片倒角，就是把晶片的边缘加工成圆弧形，提高其边缘强度，减少应力集中；晶片抛光，是对晶片粗糙度的改善操作，使得其表面满足用作衬底的要求；晶片清洗，主要是清除上述工序中可能存在的有机玷污物、金属残屑以及微尘颗粒等表面污物；晶片品检，即通过高精仪器对晶片的品质进行检查，判断是否满足规格要求。

蓝宝石衬底从晶棒到基片的简要工序流程如图 2.7 所示，其中研磨工序所产生的废液正是本书所研究的主要对象。

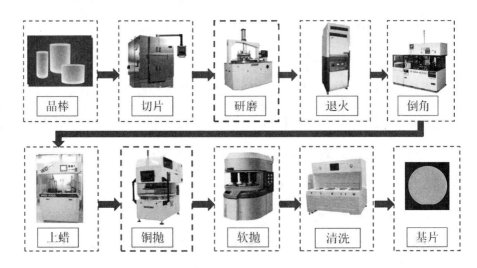

图 2.7　蓝宝石衬底制作的主要工艺流程

二、衬底研磨机理

衬底研磨加工过程主要是磨料在研磨力的作用下通过微切削和滚轧来进行材料去除，如图 2.8 所示。衬底研磨过程中，镶嵌在研磨盘上的磨粒或者加注到研磨盘中研磨液中的磨粒，其颗粒棱角或断面会随着研磨盘的转动对蓝宝石表面进行微切削；同时未被镶嵌的磨粒则继续在蓝宝石和研磨盘之间滚动，使蓝宝石的表面出现微裂纹，该裂纹在研磨加工的过程中不断扩展，最终蓝宝石的表面会发生脆性崩碎，形成碎屑，实现去除材料的目的。[51] 随着裂纹的不断增多，在裂纹的交叉处又会破碎产生小碎块。[52] 这实现了蓝宝石表面较多的材料去除。研磨时掉落小碎片的边缘比较锋利，在压力的作用下会与磨粒混合继续参与加工。在不均匀的磨粒和碎块的作用下，会产生不同的裂纹深度，造成了加工表面的损伤。现在通常通过逐级改变磨粒的直径和控制其他的加工参数来实现较高的表面加工质量。[53] 由此可见，研磨加工是一种比较复杂的工艺，加工效果取决于研磨工艺参数及水平，诸如研磨压力、研磨盘转速、磨粒粒径、研磨液浓度以及研磨垫等。[54]

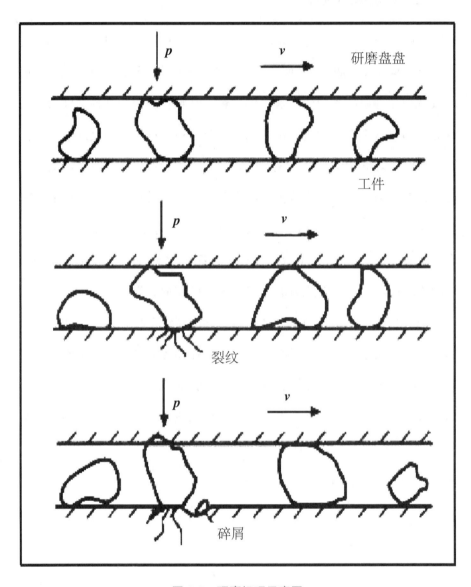

图 2.8 研磨机理示意图

三、衬底研磨方法

目前对衬底研磨方法的探索研究很多，比如化学机械研磨（CMG）、机械抛光（MP）、化学机械抛光（CMP）、浮法抛光（float-polishing）、机械化学抛光（MCP）、水合抛光（hydration-polishing）、离子束抛光（IBF）、水射流（FJP）、超声波辅助振动化学机械抛光（UFV-CMP）以及磁流变抛光（MRF）等，但国内外运用较多的主要集中在游离磨料研磨和固结磨料研磨两种方法上[55-57]。

游离磨料研磨加工方法（图2.9）是一种常见的、传统的蓝宝石研磨加工方法。将磨粒添加到研磨液中，然后将研磨液通过喷雾或者直接用胶管滴在研磨盘上，研磨盘的转动将磨粒带入研磨盘与蓝宝石之间，磨料在蓝宝石基片和研磨盘之间发生滚动和划擦，实现去除蓝宝石晶片表面材料的目的。[58]游离磨料研磨的基本步骤包括粗研磨加工和精研磨加工，两研磨环节条件和目的如表2.7所示。游离磨料研磨加工方法具有参数易控、操作简单，能够有效去除由切片所产生的表面损伤等优点。因此，该方法被广泛应用于衬底研磨加工中。但同时也存在一些问题：磨粒分布不均匀，研磨效果欠佳，当转速过高时，研磨液在离心力的作用下会产生飞溅，造成浪费、不便于回收和污染环境。[59]

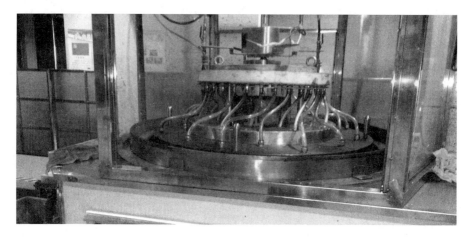

图 2.9　游离磨料双面研磨

表 2.7　粗磨与精磨两环节研磨条件和目的

研磨环节	研磨条件		目的
	磨粒粒径	研磨盘	
粗研磨加工	较大	铸铁	去除因切片所造成的表面不平整
精研磨加工	较小	铜制	较小材料去除量，高质量表面加工

固结磨料研磨用结合剂将磨料制作成研磨盘来进行加工，杜绝了游离磨料的加工弊端（对晶片表面的滚扎和划擦等），并以外露的磨粒尖端来实现蓝宝石表面材料的微量去除；因磨粒露出部分的尺寸基本一致，更多的磨粒参与研磨，且受力较均匀，工件加工表面的划伤减少，损伤变低，可以获得更好的表面加工效果。[60]此外，磨粒存在于研磨盘之中，避免了磨料分布不均、磨粒浪费和研磨转速不能过高等问题，提高了磨料的利用率，降低了研磨的成本。研磨垫是固结磨料研磨方法中最重要的参量，图 2.10 所示为其结构截面形式[61]。目前，固结磨料研磨正成为一种高质量、高效的蓝宝石加工手段。但也存在一些问题，例如不能够随时更换研磨盘，

无法随时对研磨的各种参数进行控制，对加工参数的调整不方便，因此固结磨料研磨更适合批量加工一种工件。

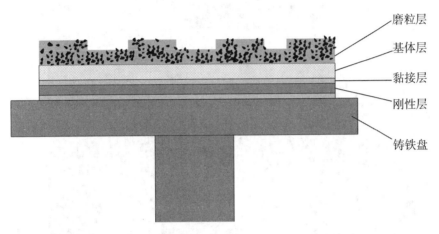

磨粒层

基体层

黏接层

刚性层

铸铁盘

图 2.10 固结磨料研磨垫截面结构示意图

在 LED 蓝宝石衬底研磨加工的过程中，广泛采用双面研磨技术。双面研磨设备有两个研磨盘，是目前蓝宝石超精密加工的主要手段。其优点包括：改善表面平整度；提高表面平行度，加工后蓝宝石的厚度均匀；加工效率比较高；相对单面研磨减少了多次装夹引起的误差；优化加工工序，减少加工时间。图 2.11 是双面研磨设备，表 2.8 是其加工的基本参数。本书研究的衬底研磨废液正是由上述设备研磨加工所产生的。

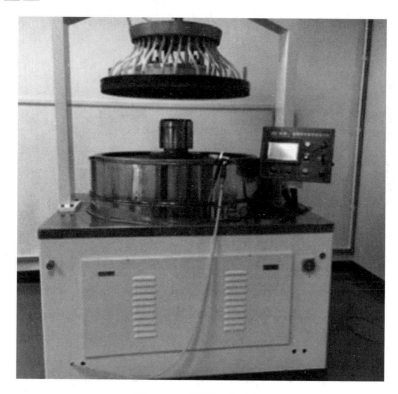

图 2.11　双面研磨设备

表 2.8　双面研磨机运行基本参数

下齿盘转速 /（r/min）	环齿转速 /（r/min）	中心齿转速 /（r/min）	单位压力 /（kg/cm²）
10	4.77	1.82	0.020
12.5	5.96	2.27	0.024
15	7.15	2.73	0.028
17.5	8.34	3.18	0.032
20	9.54	3.64	0.035

第三节　研磨废液料物性

本书研究的对象为重庆某光电公司提供的蓝宝石衬底粗研磨废液料，

所用碳化硼磨料型号为 F240。为了便于论述和进行相关研究，本书将其研磨废液料记为"F240-W"（W 为 waste 首字母），研磨废料中的液体成分物质记为"F240-WL"（WL 为 waste Liquid 首字母），研磨废料中的固体成分物质记为"F240-WS"（WS 为 waste Solid 首字母）。

一、F240-W 研究

研究对象 F240-W 是采用游离磨料双面研磨的方式（图 2.12）对蓝宝石基片进行粗磨加工所产生的废液物料。粗磨加工过程中所采用的研磨液主要由碳化硼粉料、研磨助剂（研磨悬浮分散剂）和工业纯水按照一定的比例配制而成。该公司所使用的研磨助剂主要有两种：100SC 研磨剂（主要成分为二乙醇胺、三乙醇胺、丙二醇、三氧化二铝和水）和 AQ-TTV 研磨悬浮分散剂（主要成分为三乙醇胺和水），分别用于 2 in（1 in=2.54 cm）、4 in 以及 6 in 蓝宝石衬底基片的研磨加工。由于粗磨加工是使用高硬度碳化硼粉末为磨料的研磨液（图 2.13）对粗糙的蓝宝石表面进行机械打磨的过程，因此会产生含有碳化硼、三氧化二铝的粗磨废水（图 2.14）。当前的粗磨废水处理是简单地经过重力沉淀后，工人将沉淀后上面的清液倾倒进入公司的污水集中池后再进行后续的工业废水的相关处理。而沉淀后的底层物料（即为本书研究回收的目标物料）的处理，通常是装入相应的化工桶等器具（图 2.15）中后作为耐火材料的原料进行后续的相应处理加工，其中部分可回收再利用的碳化硼磨料就因此而浪费。

图 2.12　清洗中的双面研磨盘

图 2.13　搅拌配制的碳化硼研磨液

图 2.14 生产车间收集的 F240-W

图 2.15 久置后收集的 F240-WS

对 F240-W 危废性质的鉴定工作主要委托重庆市固体废物管理中心展开了相应的研究分析。在排除了毒性物质含量、浸出毒性、易燃性和反应性之后，着重对被鉴别研磨液废浆污泥进行腐蚀性和急毒性初筛项目检测。

腐蚀性的检测：检测样品的采样，其样品数为 8 个，分两天采集，每天随机采集 4 个样品（从 6 条生产线随机选择 4 条采集），具体的检验结论如图 2.16 所示。由此对照《危险废物鉴别标准腐蚀性鉴别（GB5085.1—2007）》，可知 F240-W 的腐蚀性测定值均未超过标准限值（pH ≥ 12.5，或者 pH ≤ 2.0），所以，该被鉴别的 F240-W 废料没有危险级的腐蚀性。

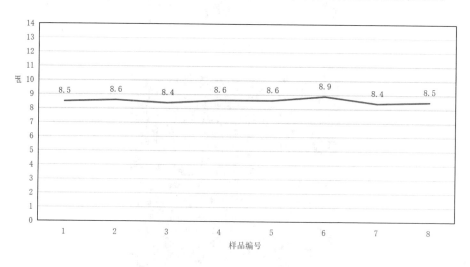

图 2.16 F240-W 多份样品腐蚀性检测结果

急毒性的检测：与腐蚀性检测的样品采样一致，进行 F240-W 的小鼠急毒性实验，8 份样品的小鼠急毒性实验结论如表 2.9 所示。由此对照《危险废物鉴别标准急性毒性初筛（GB5085.2—2007）》（经口固体摄取 LD50 ≤ 200 mg/kg，经口液体摄取 LD50 ≤ 500 mg/kg，LD50 代表的含义为口服毒性半数致死量），可知被鉴别 F240-W 废料不具有急毒性危险特性。

表 2.9　F240-W 的急毒性小鼠实验检测结果

样品编号	小鼠经口急性毒性 /（mg/kg）
1	＞5 000
2	＞5 000
3	＞5 000
4	＞5 000
5	＞5 000
6	＞5 000
7	＞5 000
8	＞5 000

二、F240-WL 研究

F240-WL 主要成分是由研磨悬浮剂经过研磨过程产生的废物料的液体。目前所采用的研磨悬浮剂主要有 SHINEPOL 100SC 和 AQUALAP TTV 两种。研磨后的液体 F240-WL 主要成分及理化性质如表 2.10 所示。

表 2.10　F240-WL 主要成分及其理化性质

组分	化学物质	理化性质
小分子醇	乙醇	易溶于水；可与乙醚、甲醇等有机溶剂混溶
	乙二醇	可与水、乙醇等混溶，微溶于醚等
	丙二醇	易溶于水；难溶于苯和油类等；可混溶于乙醇
	1,4-丁二醇	能与水混溶，微溶于乙醚
有机分散剂	聚乙二醇	具有良好的水溶性；与许多有机物相溶
	聚丙烯酸	可与水互溶，溶于乙醇、异丙醇等
	聚马来酸	易溶于水，化学稳定性及热稳定性高
消泡剂	吐温 20	可与水、乙醇、甲醇等混溶；不溶于液状石蜡等
	吐温 40	溶于水、稀酸等，不溶于植物油等
防锈剂	乙醇胺	可与水混溶；微溶于苯；可混溶于乙醇等
	二乙醇胺	易溶于水、乙醇，不溶于乙醚、苯
	三乙醇胺	易溶于水、乙醇等，微溶于苯、乙醚等，弱碱性
	三异丙醇胺	溶于水、乙醇、乙醚等
	氢氧化钠	易溶于水并形成碱性溶液，具有潮解性

其中，二乙醇胺、三乙醇胺和丙二醇等属于可燃性化学品。它们的闪点分别是137℃、179℃、107℃，均高于危险废物易燃性鉴别的闪点标准（60℃），也不具有易燃性；它们既不是氧化剂或有机过氧化剂，与水或酸接触也不产生易燃气体或有毒气体，故不具有反应性。

此外，本书所研究的对象为LED蓝宝石衬底研磨废液，所采用的研磨方式为双面游离磨料研磨。研磨液是在粗研磨加工的过程中所采用的研磨液，由碳化硼粉料、研磨剂（研磨悬浮分散剂）和水配制而成。所采用的研磨剂有两种，100SC研磨剂（主要成分为二乙醇胺、三乙醇胺、丙二醇和水）和AQ-TTV研磨悬浮分散剂（主要成分为三乙醇胺和水），分别用于6 in、2～4 in蓝宝石晶片的加工。对于研磨废液来说，除了含有研磨液所含的成分，还有蓝宝石晶体研磨所产生的氧化铝碎屑和少量铁屑。由研磨加工原理可知，磨削下来的蓝宝石碎屑会进入研磨液，蓝宝石的主要成分为 $\alpha-Al_2O_3$，所以研磨废液还含有氧化铝。而研磨盘的材质为铁质，在研磨时也会有少量铁屑进入研磨液。

由前面分析就得到了蓝宝石衬底研磨废液的组成成分为水、碳化硼、氧化铝、铁屑、二乙醇胺、三乙醇胺和丙二醇。将后面三种物质总体划分为有机物。在对蓝宝石衬底研磨废液的组成成分有所了解之后，现就其有机物的理化性质进行介绍，为后续选择回收方法打下基础。

二乙醇胺：无色的黏性液体或结晶，呈碱性，易溶于水、乙醇，不溶于乙醚、苯；pH值：11.0（1%溶液）；熔点：28℃；沸点：269℃；相对密度（水：1 g/cm³）：1.092。

三乙醇胺：呈弱碱性，能与无机酸、有机酸发生反应生成盐；沸点：

360℃；熔点：21.2℃；相对密度（水：1 g/cm³）：1.125 8；无色到淡黄色透明黏稠的液体，易溶于水、乙醇、丙酮、甘油及乙二醇等，微溶于苯、乙醚及四氯化碳等，不溶于非极性溶剂。

丙二醇：无色黏稠的吸水性液体，相对密度（水：1 g/cm³）：1.04；熔点：-60℃；沸点：187.3℃；可与水、乙醇及多种有机溶剂混溶。

除了上述三种有机物以外，碳化硼（密度 2.5 g/cm³）、α-氧化铝（密度 3.9 ~ 4.1 g/cm³）和铁屑都不溶于水。并且碳化硼和氧化铝化学成分比较稳定，还不溶于酸和碱。

综上所述，F240-WL 混合物中有机成分均为水溶性。尽管废浆中成分多样，物化性质复杂，但针对水溶性这一特点即可通过水洗的方式将废液中的有机成分清除。即通过水溶性溶剂可对 F240-W 中废物料展开固液分离。

三、F240-WS 研究

将废料 F240-W 过滤掉 F240-WL 得到 F240-WS 的过程，属于粉体工程学领域里的固液分离范围。[62] 对蓝宝石衬底研磨废液的组成成分进行分析，即对 F240-WS 进行分析后，我们会注意到其中的碳化硼和氧化铝结构比较稳定，都不溶于酸、碱和水，是一种非均相混合物（由不相溶或不同形态的物质组成的混合物）。选择分离方法时往往要考虑多方面因素，如分离费用、分离剂的选择等等。但在其中，混合物特性中的颗粒粒径是一个重要的参考条件。我们主要通过颗粒粒度的大小来选择分离手段。因此，我们需要对蓝宝石衬底研磨废液进行粒度分析，得到碳化硼和氧化铝颗粒的直径。

目前工业中所使用的大部分磨粒的形状都不规则，通常用"等效直径"来区分。当待测量颗粒的物理特性与相同材质的某直径颗粒最相近时，就把该直径叫作该颗粒的等效直径。不同的仪器所采取的测量原理不一样，其测量结果会有差异。[32]现在对粉末颗粒直径测量的方法有如下几种。

采用光学显微镜测量。测量时，将颗粒直径直接定义为颗粒投影方向上的最大宽度，如图 2.17 所示。先用显微镜将待测颗粒放大，然后进行人工测量，累计多次测量结果，须至少测量 300 个颗粒。该方法比较直观、可靠，还可观察晶体的形状。但也存在许多的问题，如工作量大、精度低等。目前这种测量方法已经基本停止使用，仅在少数半成品的检查中使用。

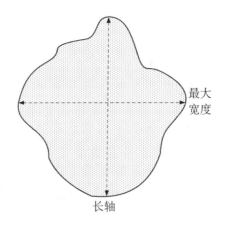

图 2.17　颗粒最大宽度示意图

沉降管粒度分析仪测量。它是当前使用比较普遍的一种测量方法，有一套比较完整的标准，能够精确地检测出磨料中的最大颗粒，也可以测量粒度分布。该方法以斯托克斯公式为理论基础，得到颗粒在流体层流区沉降的速度：

$$N_0 = gd^2(\hat{o} - \rho)/18\eta \qquad\qquad (2.1)$$

其中：v_0——颗粒沉降速度（m/s）；$\hat{o}$——颗粒密度（kg/m^3）；ρ——介质密度（kg/m^3）；g——重力加速度（m/s^2）；η——介质黏度（Pa·s）；d——颗粒直径（m）。

通过上述的一些物理参数以及测量出颗粒沉降速度就可以计算得到颗粒的直径。在其他参数确定的情况下，只需要测量颗粒的沉降速度就可以得到颗粒的最大直径。为了测量沉降速度，采取了图 2.18 所示的方法来进行，主要由沉降管和收集管组成。通过测量下沉时间和下沉高度 L 就可得到下沉速度，原理比较简单。

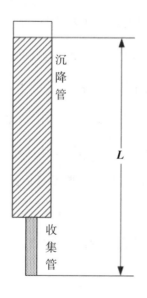

图 2.18 沉降管原理图

倒入适量磨料至沉降管中，计时并查看收集管，最先抵达收集管底部的为直径最大的颗粒。根据抵达的时间就可以计算出最大颗粒直径。通过得到不同颗粒沉降的距离和与之相应的时间，还可通过计算机算出样品的粒度分布。但也存在一些问题,如测量时间长(一般大于30 min)、数据处理比较烦琐、样品的浓度可能会超出公式的适用范围、存在一定的测量误差等。

激光粒度分析仪测量。它是现在技术含量最高的颗粒测量仪器,利用颗粒对光的衍射作用来测量。颗粒的直径越小,其对光的衍射角就会越大。当颗粒的直径相同时,无论颗粒所处何处,透镜都可以将颗粒的衍射光线汇聚在同一位置,在该区域衍射光线的强度与衍射角度存在函数关系;当颗粒的直径不同时,它们的衍射光线会被汇聚在不同的位置,通过测量这些区域的衍射光线强度,得到衍射角度即可推出颗粒的直径分布情况。测量的光源采用激光,易于计算机分析和控制。

在对测量原理有所了解之后,就对所需回收的碳化硼颗粒进行测量。采用激光分析仪对纯品碳化硼的颗粒进行测量,测量结果如图 2.6 所示。从粒径分布可以得到碳化硼颗粒直径的大小在 20 ～ 100 μm 之间。其颗粒直径大小的平均值为 57.47 μm,中位数为 56.87 μm,众数为 60.53 μm。这将是后续碳化硼回收方法选择的重要参考依据。同时查阅资料发现纯品氧化铝颗粒的粒径大都在 3 ～ 10 μm 之间。因为氧化铝颗粒是在研磨时产生的,所以采用氧化铝颗粒的一般直径来替代实际研磨废液中碳化硼中氧化铝颗粒的直径。

F240-W 中的碳化硼粉体和所浸没液体如图 2.19 所示。在分离 F240-WL 得到 F240-WS 的过程中,根据废料中固体颗粒和液体的相对位置,其液体分别称为毛细管上升液、浸没液、黏附液以及楔形液四种,如图 2.20 所示。当粉体颗粒之间或者粉体与固体之间的间隙中存有一定液体时,也即存有上述的四种液体时，就会形成液桥。尤其是固体颗粒在空气中放置较久后，更会形成液桥，导致黏结力大增。这种黏结力正是从 F240-W 分离 F240-WL 和 F240-WS 过程中所要解决的技术难点问题。

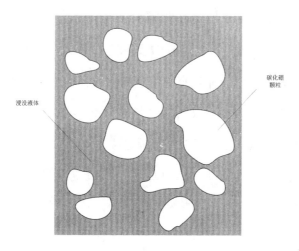

图 2.19　碳化硼在液体中

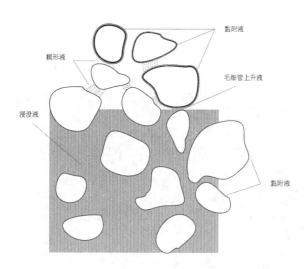

图 2.20　粉体混合液中的四种形式的液体

F240-WS 成分主要是碳化硼、α - 氧化铝和 Fe 及其氧化物等物质。

F240-WS 显微镜下观察效果如图 2.21 所示。F240-WS 成分理化性质如表 2.11 所示。显微镜下观察 F240-WS 中的碳化硼颗粒如图 2.22 所示。显微镜下观察 F240-WS 中的 α - 氧化铝颗粒效果如图 2.23 所示。

综上可知，α - 氧化铝粒径范围为 3 ~ 10 μm，碳化硼粒径范围为 20 ~ 100 μm。联系蓝宝石粗磨环节实际生产中工人的实践经验，结合张岩等[63]的研究可知，研磨液所用磨粒的粒径为 20 ~ 70 μm，可以为 26 ~ 36 μm，也可以为 56 ~ 64 μm，最佳为 40 ~ 50 μm。故将 F240-WS 中用于循环回收的碳化硼目标粒径范围定位为 40 ~ 100 μm（研究发现研磨过后碳化硼粒径很少有 100 μm 以上的）。综合吴秋芳[64]等的研究，可知氧化铁属于超细粉末（泛指颗粒度在 10 μm 以下的粉末状物质，是处于宏观物体和微观分子之间的介观颗粒）。此外 F240-W 中的部分铁屑可以通过磁槽预处理进行清除。因此，对 F240-WS 中的 α - 氧化铝和碳化硼颗粒可以按粒径不同展开固固分离，而后对再利用于粗磨环节的碳化硼可按 40 μm 为分界点进行碳化硼颗粒的再次分离展开相关的研究。

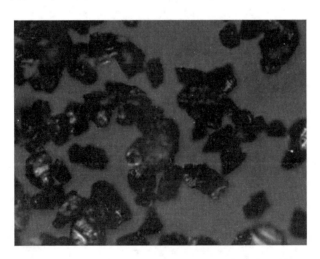

图 2.21　F240-WS 显微镜下观察效果

表 2.11　F240–WS 主要成分理化性质

化学物质	物质来源	理化性质
α–氧化铝	蓝宝石衬底	α–氧化铝（俗称刚玉），粒径范围 3～10μm，密度为 3.9～4.1 g/cm^3，化学性质稳定，熔、沸点高，不与酸、碱溶液反应
碳化硼	研磨料	粒径范围 20～100μm，密度为 2.5 g/cm^3，硬度大（莫氏硬度9.3），熔、沸点高，不与酸、碱反应
铁及氧化物	铸铁研磨盘	Fe 及其氧化物不溶于水和有机物，具有磁性

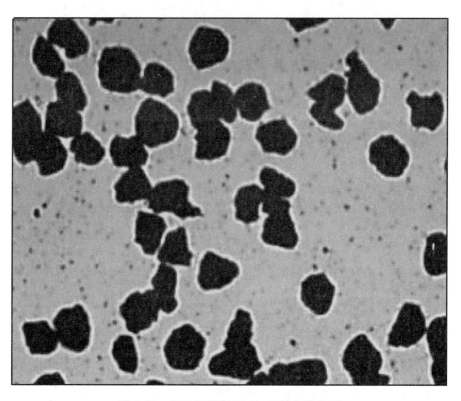

图 2.22　显微镜观察 F240–WS 中碳化硼

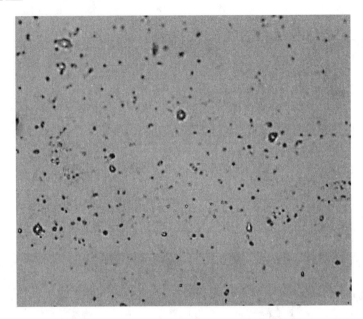

图 2.23　F240-WS 中氧化铝显微镜观察效果

第四节　本章小结

本章在对 LED 衬底研磨材料所主要涉及的蓝宝石衬底和碳化硼磨料进行简析的基础上，首先对衬底研磨工艺中的加工流程、研磨机理以及研磨方法进行了分析，进而对研磨废液料从整体特性（F240-W）、液体成分（F240-WL）和固体成分（F240-WS）三个层次展开研究。最后提出新思路：对 F240-W 中的固液物料，可通过水溶性溶剂进行固液分离；对于其中的碳化硼和 α-氧化铝固固物料，可以按密度或粒径不同展开固固分离，而后对其中可循环再利用的目标碳化硼颗粒粒径可以 40μm 为分界点进行回收。由此展开下步的相关研究。

第三章　基于 AHP 法
碳化硼回收方法的优选

在上一章 LED 衬底研磨工艺及废液物性研究的基础上，针对提出的可用水溶性溶剂对研磨废液进行固液分离以及可按固体颗粒粒径差异对研磨废液进行固固分离的新思路，本章重点展开了研磨废液中碳化硼分离方法的理论分析与实验，并通过 AHP 法的建模与计算，最终选择出最佳的碳化硼回收方法。

第一节　研磨废液中碳化硼分离方法分析

综合袁惠新[65-66]、King[67]等关于分离固体与液体的混合物方法技术方面的研究成果，可知各种不同分离方法所对应的粒径范围如图 3.1 所示（图中 Å 为长度单位，1 Å$=10^{-10}$ m$=10^{-4}$ μm$=0.1$ nm）。基于前期研究，适用于分离 F240–W 中的 F240–WL 和 F240–WS，且可用于回收 F240–WS 中碳化硼的方法有以下四种：常规过滤、离心分离、重力沉降和筛分。下面将展开对这四种方法的分析讨论，着重对重力沉降和筛分方法中的振动筛分进行了实验验证。

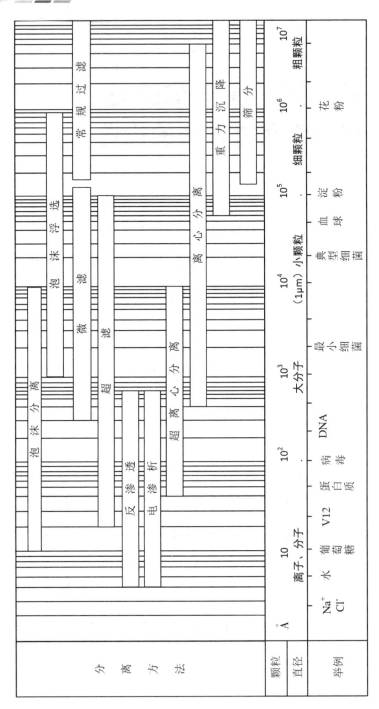

图 3.1 不同分离方法所对应的粒径范围

一、常规过滤法

过滤是通过特殊装置将流体提纯净化的过程，即在推动力或者其他外力作用下悬浮液（或含固体颗粒发热气体）中的液体（或气体）透过介质，固体颗粒及其他物质被过滤介质截留，从而使固体及其他物质与液体（或气体）分离的操作。针对过滤物不同的分类很多，使用的物系也很广泛，比如，固-液、固-气、大颗粒、小颗粒都很常见。

当前关于过滤方面的方法和技术有很多，比如，超滤膜技术、反渗透过滤技术、PF（聚偏氟乙烯）超滤膜技术、活性炭过滤技术、生物慢滤技术以及袋式过滤技术等。但是大多过滤技术存在工艺复杂、成本高，对大规模生产应用场地、环境要求过高等问题，特别是流体颗粒不能用机械拦截的方式分离，但可采用一定表面特性（如亲水性或亲油性）的材料来过滤。因此，从本书研究意义的初衷考虑，首选常规过滤法，以期达到较好的综合效益。

常规过滤法（conventional filtration），主要分离混合物中的溶液和沉淀，是常见的固液分离方法。当固液混合物经过过滤器时，其中的沉淀物就留在过滤器上，而溶液便经过滤器直接进入收纳的器皿中。[68]以滤纸作为过滤器为例，其实质上就是让废水经过带有细微孔道的滤纸介质，由于滤纸介质的两侧存在不同压强，导致压差，进而形成过滤的助推力。在助推力的作用下，废水经过细微孔道时，由于胶状或固体微粒等物质粒径较大而被滤纸介质阻截。此外，滤纸介质所截留的颗粒物质（即滤饼或滤层）本身就具有过滤介质的特性，因此在过滤进程中，滤饼会逐渐加厚，溶液的水流阻力随之加大，导致过滤速度下降，此时便需要对过滤介质进行处理，及时取走滤纸介质上的滤饼等截留物[69]。总之，常规过滤法是利用物质的溶解性差异，将液体和不溶于液体的固体分离开来的一种方法。最直观的应用举例正如用常规过滤法除去粗食盐中少量的泥沙。

在常规过滤法的实际运用中，过滤器制作工艺中，最关键的是根据滤清介质的特性、滤清介质的通过量、环境条件、寿命、滤清效率等综合要求进行滤纸的选型。在工业生产中用的过滤材料主要是格化净。① 即采用进口高分子原料生产而成，是目前最新的环保产品，它广泛用于大厂矿企业的消毒、过滤等，供养殖、制糖、造纸、自来水净化、石油钻探、化工炼油、大型油库、新型化工纺织等单位使用，它采用进口设备生产，具有耐酸、耐碱、耐高温、耐腐蚀、耐磨等优点，避免了国产原料效果差、寿命短的弊病。

本书对 F240-W 进行了简易的常规过滤实验，用以验证常规过滤的初步效果。其过滤的主要做法是用烧杯盛装 80 mL F240-W，如图 3.2 所示，实验过程如图 3.3 所示。得出以下结论：一是过滤效果相对明显，固液分离较彻底；二是过滤速度慢，耗费的时间相对较长；三是过滤过程中，需要及时干预对滤饼等截留物处理；四是为获取 F240-WS 中的目标颗粒碳化硼，还需要进一步的辅助操作。

----

① 格化净：采用进口高分子原料生产而成，是目前最新的环保产品，它广泛用于稳中有降大厂矿企业，消毒、过滤等，供养殖、制糖、造纸、自来水净化、石油钻探、化工炼油、大型油库、新型化工纺织档尘等单位使用，它采用进口设备生产，具有耐酸、耐碱、耐高温、耐腐蚀、耐磨等优点，避免了国产原料效果差，寿命短的弊病。

图 3.2　用烧杯盛装的 80 mL F240-W

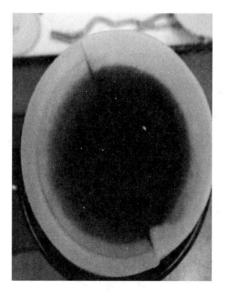

图 3.3　常规过滤中的 F240-W

二、离心分离法

离心分离（centrifugal separation），主要是利用不同物质之间的质量、体积、密度或形状大小的差异，用离心力场对悬浮液中的不同颗粒进行分离和提取的物理分离分析技术，也即利用离心力使得不同物理性质的各物质进行离心分离的方法。该方法是利用离心机等装置设备所具有的高角速度原理，使得产生的离心力远大于物料自身重力，此外不同物质由于密度不同而受到的离心力有所不同，进而使得沉降速度不同，最终能使密度不同的各物质实现分离。[70]然而对于那些黏度较大，密度相差较小，颗粒粒度范围较小的非均相混合物体系，若利用普通分离方法（如常规过滤）则需要相对较长的时间，甚至出现不能完全分离的现象。改用离心机分离，借助高速旋转的转鼓而产生远远大于重力的离心力，即可缩短分离时间，提高分离速率。[71]基于离心机的离心分离技术是借助于离心机旋转所产生的离心力，根据物质颗粒的沉降系数、质量、密度及浮力等因子的不同，而使物质分离的技术。目前，离心分离技术广泛用于生物学（生物工程和生物制品等）、医学、化学、化工等领域，而其设备——离心机是这些领域的必需设备。

对于利用离心分离法在本书研究课题领域内的应用，如烟台同立高科新材料股份有限公司陈晓光的研究（第一章第二节国内研究现状中已介绍），已经佐证了该方法在分离碳化硼研磨废液的理论可行性。但是目前未见相关其专利成果应用实际生产中的新闻报道和文献资料，市面也未见相关的设备器材。不过，市面上和工业生产应用中通过离心分离法进行固

液分离的离心设备器材，以各规格型号的工业滤布、离心机滤袋（如图 3.4
所示）和滤网滤芯（如图 3.5 所示）为主。

图 3.4　工业滤布滤袋

图 3.5　各规格型号的滤网滤芯

应用离心分离法处理 F240-W，针对其成分复杂，颗粒粒径大小不一，
对其中碳化硼的回收，不仅是将碳化硼固体颗粒从废液浆中分离出来，

更是要将其从固体颗粒中按照粒径要求分级出来。[72]因此，采用离心分离法对 F240-W 分离 F240-WL 而得到 F240-WS 中以 $40\mu m$ 粒径尺寸为界的两级粒径碳化硼（大于 $40\mu m$ 的再应用于粗磨液中，小于 $40\mu m$ 的用作耐火材料或经过再处理应用于精磨液中等），就要使用标准筛网规格 360 目网来实现废液中碳化硼颗粒的分离分级。综合上述分析，离心分离效果是明显的。结合碳化硼硬度高、形状不规则，且离心力会产生较高的线速度，采用该方法回收碳化硼，可能存在以下问题：一是由于不规则形状导致堵塞网孔，如图 3.6 所示；二是高硬度、高速度的碳化硼颗粒会损伤筛网；三是就目前市面销售的各规格离心筛分机而言，每次筛分回收量有限，并且要定期更换滤芯。

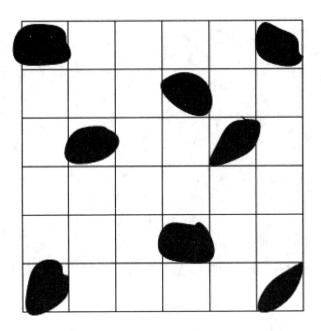

图 3.6　不规则形状的碳化硼堵塞网孔可能情况示意图

三、重力沉降法

重力沉降（gravity settling）法是基于物质的重力场作用，借助流体与颗粒的密度不同而发生的相对沉降运动。本书在对国内外研究现状进行了充分研究的基础上，为尝试新方法，着重对重力沉降法进行了如下简易实验。

1. 实验原理

重力沉降利用不同粒径在相同溶剂中沉降速度不同，从而达到将 α - 氧化铝与碳化硼分离的目的，根据 α - 氧化铝（3.9 ~ 4.1 g/cm^3）和碳化硼（2.5 g/cm^3）密度差异的特性，通过配制适宜密度的溶液，利用 α - 氧化铝和碳化硼在同一介质溶液中的沉降速率的不同，从而实现两者的分离。其自由沉降速度公式如式（3.1）[73]：

$$v = \frac{(\rho_s - \rho)\, g d^2}{18\mu} = \frac{g d^2}{18v} \cdot \frac{(\rho_s - \rho)}{\rho} \qquad (3.1)$$

其中：ρ_s 为固体颗粒密度，单位为 kg/m^3；ρ 为流体密度，单位为 kg/m^3；μ 为流体动力黏度，单位为 mPa·s；v 为流体运动黏度，单位为 m^2/s。

2. 实验过程

通过化学实验软件进行实验来验证此方法的可行性。具体过程分两组进行，用不同密度的氯化盐溶剂进行沉降实验，观察溶剂对沉降效果的影响。在每组实验中分 3 次进行，第 1 次为碳化硼颗粒在介质中的沉降，第 2 次为 α - 氧化铝颗粒在介质中的沉降，第 3 次为碳化硼和 α - 氧化铝的混合物在介质中的沉降。需要注意的是：上述碳化硼和氧化铝颗粒均是经过配制的 F240-WL 液体浸泡后而得。

3. 实验数据

第一组实验采用的介质为浓度 1.8 g/mL 的氯化锌溶液，用量筒进行沉降，如图 3.7 所示。对于碳化硼颗粒、α–氧化铝颗粒以及两者混合物颗粒的沉降时间，多次实验，记录数据，取平均值，统计如表 3.1 所示。

第二组实验采取的介质为浓度 2.0 g/mL 的氯化铯溶液，实验方法与第一组相同，也用量筒进行沉降，如图 3.8 所示，对于碳化硼颗粒、α–氧化铝颗粒以及两者混合物颗粒的沉降时间，通过多次实验记录，取平均值，统计如表 3.2 所示。

表 3.1　第一组实验时间统计

溶质	溶剂	到达指定刻度所用时间（采用秒表计时）					
		50 mL	40 mL	30 mL	20 mL	10 mL	完全沉淀
Al₂O₃	氯化锌溶液	06'07″	09'24″	13'19″	18'36″	23'54″	27'49″
B₄C	（1.8 g/mL）	09'25″	17'16″	22'58″	26'47″	30'13″	36'02″

表 3.2　第二组实验时间统计

溶质	溶剂	到达指定刻度所用时间（采用秒表计时）					
		50 mL	40 mL	30 mL	20 mL	10 mL	完全沉淀
Al₂O₃	氯化铯溶液	08'13″	12'27″	21'35″	32'08″	43'39″	55'14″
B₄C	（2.0 g/mL）	13'34″	21'43″	32'17″	43'36″	51'21″	63'54″

4. 实验现象

两组实验现象如图 3.7 和图 3.8 所示。通过对比实验得知，由于碳化硼颗粒相对 α–氧化铝颗粒密度较小，因此在沉降过程中碳化硼颗粒相对 α–氧化铝颗粒沉降速度较慢，尤其是溶剂密度越大，此效果相对越明显。但总体二者的沉降所需时间相对较长。不过，在容器底部沉降的碳化硼颗粒和 α–氧化铝还是有一定的分层效果，并且随着溶剂密度的增大，此效果会更加明显，但是耗时也会随之增加。

5. 实验结论

通过对比实验，从实验现象的观察方面而言，重力沉降方法具有一定的可行性。但从时间统计的数据分析而言，重力沉降方法还存在过程时间较长的问题。此外，沉降完毕后还须进一步的辅助操作才能实现最终目的。

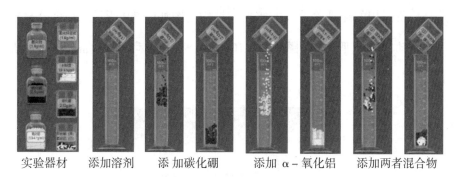

实验器材　　添加溶剂　　添加碳化硼　　添加 α–氧化铝　　添加两者混合物

图 3.7　第一组重力沉降实验

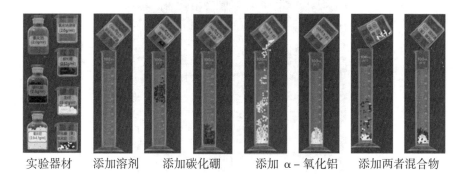

实验器材　　添加溶剂　　添加碳化硼　　添加 α–氧化铝　　添加两者混合物

图 3.8　第二组重力沉降实验

四、振动筛分法

振动筛分（vibration screening）法是基于振子激振而产生往复旋型振动，通过筛网实现物料分级分离的过程。本书在第一章第二节中对国内外研究现状进行了充分分析讨论的基础上，为尝试运用新方法，着重对振动筛分法进行了如下实验。

1. 实验原理

鉴于 α – 氧化铝（3 ~ 10 μm）和碳化硼（20 ~ 100 μm）两者粒径差异，采用振动筛分法进行实验，经过振动筛分仪对不同粒径的固体颗粒物进行筛分。所采用的振动筛分仪的实物和结构简图如图 3.9 所示，辅助器材超声波振动器的原理和实物图如图 3.10 所示，整套振动筛分设备的参数如表 3.3 所示。

（a）实物图

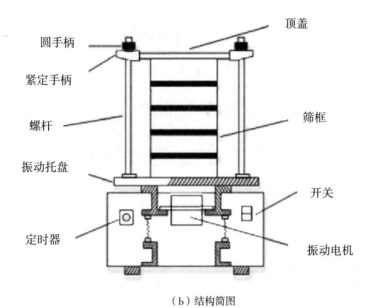

（b）结构简图

图 3.9 振动筛分仪实物与结构简图

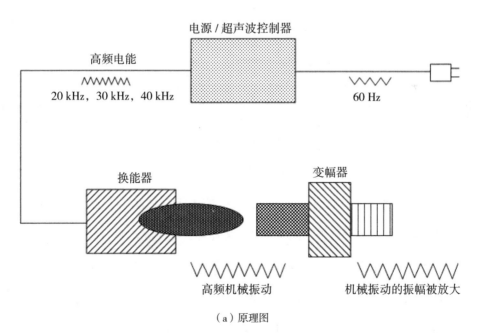

（a）原理图

（b）实物图

图 3.10　超声波振动器

表 3.3　超声波振动筛分设备参数

序号	名称	参数	单位
1	筛格直径尺寸	$\Phi 200$	mm
2	振筛粒度范围	0.025 ~ 3	mm
3	电动机功率	0.12（0.15 普通）	kW
4	运作声响	小于 50	dB
5	振动幅度	0 ~ 3	Mm
6	振频	1 400	次 / 分
7	整体尺寸	$400 \times 300 \times 300$	cm
8	总电源	220；50	V；Hz
9	总重	35	kg

2. 实验过程

取 F240-W 研磨废液若干于烧杯中，加清水至 200 mL，放于超声波洗涤仪中，3 min 时间清洗后，过滤清洗液，重复上述操作 3 次，得到清洗后的混合物；将清洗后的混合物静置，倾倒液体后将 F240-WS 置于筛网中，采用暖风加热器进行烘干，同时用玻璃棒搅拌，加快混合物中水分的蒸发，待混合物完全干燥后，停止烘干；取烘干的混合物并用电子秤称取，称得样品质量，记录数据，最后采取两筛格（筛网规格分别为 360 目 40 μm 和 500 目 25 μm 两种）分三层（即大于 40 μm 的上层、大于 25 μm 小于 40 μm 的

中层和小于 $25\mu m$ 的底层）进行振动筛分。实验过程如图 3.11 所示。

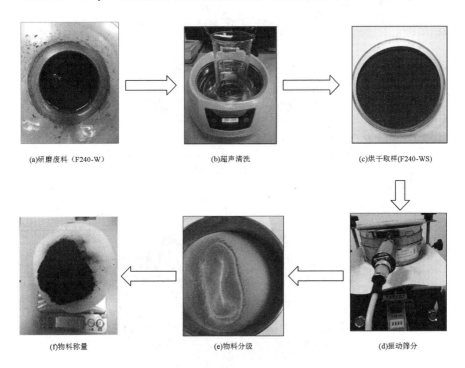

(a)研磨废料（F240-W）　　(b)超声清洗　　(c)烘干取样(F240-WS)

(f)物料称量　　(e)物料分级　　(d)振动筛分

图 3.11　振动筛分实验过程

3. 实验数据

在上述振动实验筛分过程中，将清洗烘干取样的 F240–WS［即图 3.11
中（c）图所示］混合物料分成三部分，分别进行三次振动筛分实验。最后
对分级出的三层物料进行称重，记录相应数据结果如表 3.4 所列。根据筛分
出的各层物料质量分数，进而可以分析各层物料质量占比情况如图 3.12 所示。

表 3.4　振动筛分实验粒径分布统计

筛分粒径分布 /μm	$d \geqslant 40$	$25 \leqslant d \leqslant 40$	$d \leqslant 25$	总质量	$d \geqslant 40$ 质量占比 /%
第一次实验	10.76	13.78	5.78	30.32	35.49
第二次实验	11.68	13.15	6.35	31.18	37.46
第三次实验	10.87	11.49	7.97	30.33	35.84

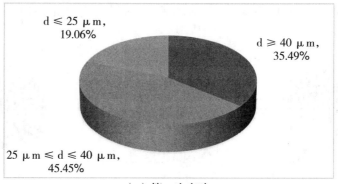

（a）第一次实验

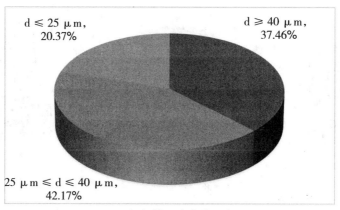

（b）第二次实验

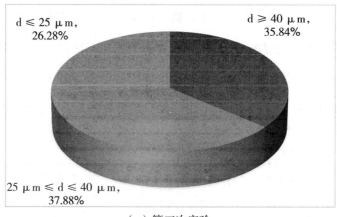

（c）第三次实验

图 3.12　三次实验各层物料质量占比扇形图

4. 实验现象

将 F240–W 研磨废液清洗倾掉 F240–WL 后，烘干得到 F240–WS 混合颗粒，通过振动筛分后被分到了顶层（360 目网筛格中物料，即颗粒直径大于 $40\mu m$ 的物料）、中层（500 目网筛格中物料，即颗粒直径大于 $25\mu m$ 且小于 $40\mu m$ 的物料）和底层（500 目网筛下的物料，即颗粒直径小于 $25\mu m$ 的物料）。实验效果如图 3.13 所示。

5. 实验结论

通过振动筛分实验可以验证该方法是可行的，效果相对较好。但是在清洗烘干后的粉末中存有板结和团聚现象，需要通过人工研碎或者机械干预以及超声波振动发生器的作用后粉末才能完全分散，以便后续的振动筛分。

（a）顶层（$d \geqslant 40\mu m$）

（b）中层（$25\,\mu m \leq d \leq 40\,\mu m$）

（c）底层（$d \leq 25\,\mu m$）

图 3.13　振动筛分后各层物料

第二节　AHP 法理论工具

通过上一节的分析，可见"常规过滤法""离心分离法""重力沉降法"以及"振动筛分法"四种方法对于处理 F240-W 来实现分离 F240-WL 和 F240-WS，进而回收其中的碳化硼磨料，均是可行的，但是从回收效果、作业时间以及方便可靠性等方面分析，各有利弊。因此，本节将采用 AHP 法进行数学建模与计算对碳化硼回收方法的优选展开研究。

一、AHP 法简介

AHP 法（analytic hierarchy process，层次分析法），是 20 世纪 70 年代著名运筹学家 T.L.Saaty（美国匹兹堡大学的萨蒂教授）的研究成果[74]，也是目前使用较为广泛的数学建模方法之一。其精髓在于将一个多目标复杂的决策思维进行层次化、逻辑化和数字化，进而展开由定性分析到定量评价的过程。此方法核心思想是将目标依次分层划为多个对应的子目标，从而形成多层次目标集，再经过层次单排序和层次总排序的一致性检验，以此系统方法实现目标的最优化决策。运用 AHP 进行决策的步骤流程如图 3.14[5] 所示。

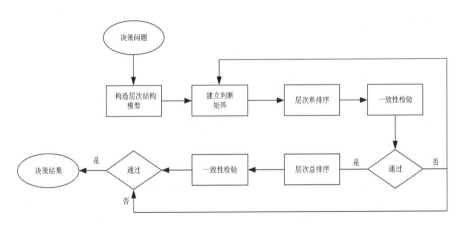

图 3.14　利用 AHP 法进行决策的步骤

AHP 的优点是定量数据较少、使用简便以及系统性较强，不足是定性分析较多、权重的计算相对复杂以及不能提供新思路。总之，为了深入分析复杂问题的内在联系、影响因素及其性质，层次分析法可以用较少的量化信息来进行决策分析，是一种多目标、多层次、多准则的复杂问题简单化的理论方法。

二、AHP 法决策步骤

1. 建立模型

在运用层次分析法进行决策分析时，首先要对涉及的因素进行分层，每个层级为一个层次，进而建立 AHP 法的结构模型，如图 3.15 所示。这些级别大致可分为三类。

（1）最高级别层：此级别层中通常仅有一个元素，是解决问题的理想结果或预期目标，因此也称为目标级别层。

（2）中间级别层：此级别包括为实现目标决策所涉及的各中间层级。可由单或多层构成，下属有各个要考虑的标准或子标准，又可称为标准层（准则层）。

（3）最底级别层：表示可以选择以达到目标的各种度量、决策、计划等，又可称为方案层或措施层。

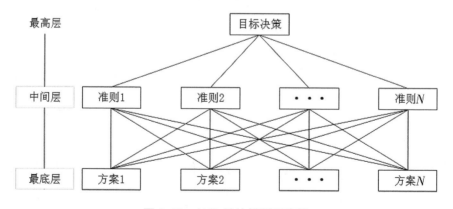

图 3.15 AHP 结构模型示意图

需要注意的是，在 AHP 结构模型中，层次级别之间的上下关系不一定是完整的，也就是说，可以有一些非最底层级别的元素只是支配下层级中的某些，而不一定是所有元素。由此自上而下的支配所构成的层次形式，即递阶层次结构。由于分析的详细程度和问题的复杂性，模型结构中的层数通常不受限制。但为了避免出现过多的支配元素而造成成对判断比较困难，每层中的元素所支配下属元素数通常不应超过 9，如果多于 9，则可以将其划分为几个子级别层次。

2. 构造判断矩阵

信息是任何系统展开分析的基础。判断矩阵的合理构建正是 AHP 方法的关键信息。这些信息主要是人们对各层次、各因素相对重要性的判断，通过数值表达，并以矩阵的形式显示，便构成了判断矩阵。AHP 的关键步骤正是构造判断矩阵。在确定上层与下层之间的关系后，有必要确定下层中与上层 Z 中上层元素（目标 A 或特定准则 Z）相关的每个元素的比例。假设 A 层中元素 A_k 和下一层次中的元素 B_1，B_2，$\cdots$，B_n 有关，由此构造的判断矩阵形式如表 3.5[75] 所示。表中对 A_k 而言，b_{ij} 是 B_i 相对于 B_j 重要度的量化信息。

表 3.5　判断矩阵的形式

A_k	B_1	B_2	$\cdots$	B_n
B_1	b_{11}	b_{12}	$\cdots$	b_{1n}
B_2	b_{21}	b_{22}	$\cdots$	b_{2n}
$\vdots$	$\vdots$	$\vdots$	$\vdots$	$\vdots$
B_n	b_{n1}	b_{n2}	$\cdots$	b_{nn}

简言之，判断矩阵就是与该级别层相关的因素对于上一级别层的某个因素的相对重要性。填写判断矩阵的方法是反复征询专家意见。关于准则，将两个元素中的哪一个进行比较，以及要比较多少是很重要的，Saaty 等[74] 总结了 1 ~ 9 重要性比例赋值的判断依据，如表 3.6 所示。

表3.6　重要性标度含义表

重要性标度	含义
1	表示两个元素相比，具有同等重要性
3	表示两个元素相比，前者比后者稍重要
5	表示两个元素相比，前者比后者明显重要
7	表示两个元素相比，前者比后者强烈重要
9	表示两个元素相比，前者比后者极端重要
2，4，6，8	表示上述判断的中间值
倒数	若元素 i 与元素 j 的重要性之比为 b_{ij}，则元素 j 与元素 i 的重要性之比 $b_{ji}=1/b_{ij}$

3. 层次单排序

对于判断矩阵而言，经过计算得出相对重要性程度在当前层的各要素和上一层某些要素之间的相对重要性程度顺序，即为层次单排序。相对重要性度其实就是本层次的某一要素 B_i 对于上一层某要素 A_j 的重要性程度的权值。其计算方法就是先求出判断矩阵的特征向量 W_i（对应的各个分量就是各要素对 A_j 的相对重要性程度）。计算过程可分为以下步骤。

（1）计算判断矩阵每一行所有元素的乘积 M_i：

$$M_i = \prod_{j=1}^{n} b_{ij}, \quad (i, j=1, 2, \cdots, n) \tag{3.2}$$

（2）计算 M_i 的 n 次方根：

$$\overline{W_i} = \sqrt[n]{M_i} \tag{3.3}$$

（3）对 $\overline{W_i}$ 进行归一化，得到各个特征向量：

$$W_i = \overline{W_i} / \sum_{j=1}^{n} \overline{W_j}, \quad (i=1, 2, \cdots, n) \tag{3.4}$$

即对于 B_i（$i=1, 2, \cdots, n$）关于 A_j 的相对重要性程度为（W_1，W_2，$\cdots$，W_n）。

（4）计算判断矩阵的最大特征根：

$$\lambda_{\max} = \sum_{i=1}^{n} \frac{(BW)_i}{nW_i} \quad\quad\quad (3.5)$$

4. 一致性检验

在一般评价问题中，判断矩阵的值只是评判人的估计值，如果在估计时有误差，则必然会导致判断矩阵的特征值和最大特征根也有偏差。设 $\lambda_{\max}$ 为判断矩阵 B 的最大特征根，若 B 矩阵具有完全一致性，则 $\lambda_{\max} = n$；否则 $\lambda_{\max} \neq n$。所以为检验判断矩阵的一致性，建立了判断矩阵 B 的一致性指标 CI：

$$CI = (\lambda_{\max} - n) / (n-1) \quad\quad\quad (3.6)$$

当判断矩阵具有完全一致性时，CI=0。为了度量不同阶数判断矩阵是否具有满意的一致性，则引进了判断矩阵平均随机性指标 RI。1 ~ 9 阶的判断矩阵 RI 值如表 3.7 所示。

表 3.7 1 ~ 9 阶判断矩阵的 RI 值

阶数	1	2	3	4	5	6	7	8	9
RI	0.00	0.00	0.58	0.90	1.12	1.24	1.32	1.41	1.45

因此，判断矩阵的一致性比例 CR 的计算公式：

$$CR = CI / RI \quad\quad\quad (3.7)$$

若 CR < 0.1，则认为判断矩阵有满意一致性，根据此判断矩阵而计算的相对重要性程度是可以接受的。若不满足这一条件，则需要重新修订判断矩阵，直至获得满意的一致性。

5.层次总排序及一致性检验

在计算了各层要素对上一层各要素的相对重要度后，即可从最上层开始，自上而下地求出当前层上各要素对于上一层次整体而言的综合重要度，即进行层次总排序。其计算过程如下：设 B 层有 n 个要素 b_1，b_2，$\cdots$，b_j，$\cdots$，b_n，它们关于上一层的综合重要度分别为 b_1，b_2，$\cdots$，b_j，$\cdots$，b_n。B 的下层 A 有 m 个要素 a_1，a_2，$\cdots$，a_i，$\cdots$，a_m，它们关于 B_i 的相对重要度分别为 a_1^i，a_2^i，$\cdots$，a_j^i，$\cdots$，a_m^i，则 A 层要素 A_i 的综合重要度：

$$a_i = \sum_{j=1}^{m} b_j a_i^j, \quad (i=1, 2, \cdots, n) \tag{3.8}$$

即某一层的综合重要度是以上一层要素的综合重要度为权重的相对重要度的加权和。其计算方式可以按照表 3.8 所示的公式进行。

表 3.8 综合重要度及一致性检验指标的计算方法

C	B_1	B_2	$\cdots$	B_n	W	CR
	b_1	b_2	$\cdots$	b_n		
A_1	a_1^1	a_1^2	$\cdots$	a_1^n		
A_2	a_2^1	a_2^2	$\cdots$	a_2^n		$CR = CI/RI$
$\vdots$	$\vdots$	$\vdots$	$\vdots$	$\vdots$	$W_i = \overline{W}_i / \sum_{j=1}^{n} W_j$	$CI = \sum_{j=1}^{m} b_j CI_j$
A_m	a_m^1	a_m^2	$\cdots$	a_m^n		$RI = \sum_{j=1}^{m} b_j RI_j$

与层次单排序的一致性检验相同，若 $CR < 0.1$，则认为层次总排序的结果具有满意一致性；否则就需要重新修正判断矩阵，进一步决策计算，直至获得满意的一致性。

第三节 AHP 法建模与计算

一、四种分离方法的 AHP 建模

基于 AHP 法的优点，在最大限度上避开该方法不足的同时，按照上述决策步骤流程，对前一节中分析的四种碳化硼回收方法展开层次分析评价与决策。建立层次结构模型如下。

（1）最高层：采用 AHP 法优选碳化硼的回收方法，本课题研究的最高层（目标层）即为"最佳碳化硼的回收方法"，记为 C。

（2）中间层：该层元素应当包括"成本价格""回收效率""作业时间""方便可靠性"以及"环境适应性"等多种准则元素。结合工业生产实际及调研结果，对"最佳碳化硼的回收方法"的决策问题而言，准则层重点考虑"回收效率""作业时间"和"方便可靠性"三大准则元素，分别记为 B_1、B_2、B_3。

（3）最底层：本课题研究的方案层（最底层）元素即为前一节所分析待选择的"常规过滤法""重力沉降法""离心分离法"以及"振动筛分法"四种方法，分别记为 A_1、A_2、A_3、A_4。

综上所述，建立碳化硼回收方法的优选 AHP 结构模型如图 3.16 所示。

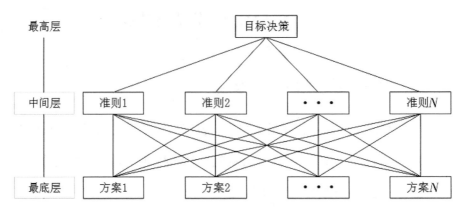

图 3.16　优选碳化硼回收方法的 AHP 模型

本课题的研究邀请了 12 位专家进行各项因素权重打分，他们分别是对 LED 衬底研磨行业领域经验丰富的一线工人 3 人，从事该领域技术研发的中级工程师 3 人、高级工程师 3 人以及从事该领域科学研究的高校教师 3 人，共计 12 人。根据本课题前期的理论分析和实验探索，在客观反映本课题研究现状的基础上，采用德菲尔法[76-77]（Delphi method，也称函询调查法）进行数据的收集与处理。

所有专家成员将根据自己对于该课题研究中各评价指标的理解，在两两对比其重要性程度后各自进行打分。检查所有评分表的一致性，并且仅使用通过一致性检验的评分表。

二、四种分离方法优选的计算

上述权重打分，通过一致性检验的权重数据可以在加权平均值计算后用于形成判断矩阵，并且每份数据具有相同的权重。表 3.9 ～ 3.12 列出了最终构造的判断矩阵和相应单排序的一致性检验的数据计算信息。

表 3.9　影响目标 C 决策准则层因素的权重统计表

C	B_1	B_2	B_3	W	CR
B_1	1	3	5	0.648 3	
B_2	1/3	1	2	0.229 7	0.003 2
B_3	1/5	1/2	1	0.122 0	

由表 3.9 可知：CR=0.003 2 < 0.1，所以判断矩阵的一致性合格，可计算出影响目标 C（最佳碳化硼回收方法），回收效率 B_1、作业时间 B_2 和方便可靠性 B_3 三准则因素的权重为（0.648 3，0.229 7，0.122 0）。

表 3.10　影响准则 B_1 方案层因素的权重统计表

B_1	A_1	A_2	A_3	A_4	W	CR
A_1	1	3	1/2	1/5	0.153 0	
A_2	1/3	1	1/3	1/5	0.092 7	0.055 6
A_3	2	3	1	1/2	0.261 7	
A_4	5	5	2	1	0.492 5	

由表 3.10 可知：CR=0.055 6 < 0.1，所以判断矩阵的一致性合格，可计算出影响准则 B_1（回收效率），常规过滤法 A_1、重力沉降法 A_2、离心分离法 A_3 以及振动筛分法 A_4 四种方案的权重为（0.153 0，0.092 7，0.261 7，0.492 5）。

表 3.11　影响准则 B_2 方案层因素的权重统计表

B_2	A_1	A_2	A_3	A_4	W	CR
A_1	1	1/3	2	1/3	0.155 8	
A_2	3	1	2	2	0.408 3	0.093 5
A_3	1/2	1/2	1	1/3	0.141 5	
A_4	3	1/2	3	1	0.294 4	

由表 3.11 可知：CR=0.093 5 < 0.1，所以判断矩阵的一致性合格，可计算出影响准则 B_2（作业时间），常规过滤法 A_1、重力沉降法 A_2、离心分离法 A_3 以及振动筛分法 A_4 四种方案的权重为（0.155 8，0.408 3，0.141 5，0.294 4）。

表 3.12 影响准则 B_3 方案层因素的权重统计表

B_3	A_1	A_2	A_3	A_4	W	CR
A_1	1	5	3	5	0.545 5	
A_2	1/5	1	1/2	4	0.163 0	0.092 8
A_3	1/3	2	1	3	0.235 0	
A_4	1/5	1/4	1/3	1	0.056 5	

由表 3.12 可知：CR=0.092 8 < 0.1，所以判断矩阵的一致性合格，可计算出影响准则 B_3（方便可靠性），常规过滤法 A_1、重力沉降法 A_2、离心分离法 A_3 以及振动筛分法 A_4 四种方案的权重为（0.545 5，0.163 0，0.235 0，0.056 5）。

根据上述计算所得数据，在计算出每层元素相对于前一层元素的相对权重之后，可以从目标层计算出标准层和最底层元素的综合权重排序（即从上到下的分层总排序）。表 3.13 显示了以最佳碳化硼回收方法为目标总排序的计算信息。

表 3.13 层次总排序权重统计表

C	B_1 0.648 3	B_2 0.229 7	B_3 0.122 0	W	CR
A_1	0.153 0	0.155 8	0.545 5	0.201 6	
A_2	0.092 7	0.408 3	0.163 0	0.173 7	0.083 2
A_3	0.261 7	0.141 5	0.235 0	0.230 9	
A_4	0.492 5	0.294 4	0.056 5	0.319 8	

由表 3.13 可知：CR=0.083 2 < 0.1，所以层次总排序的结果具有满意一致性，可计算出影响准则 B_3（方便可靠性），常规过滤法 A_1、重力沉降法 A_2、离心分离法 A_3 以及振动筛分法 A_4 四种方案的权重为（0.201 6，0.173 7，0.230 9，0.319 8）。所以，四种方法的优选排序依次为振动筛分法 A_4、离心分离法 A_3、常规过滤法 A_1 和重力沉降法 A_2。

三、四种分离方法的优选结论

综上所述，对于常规过滤法、重力沉降法、离心分离法以及振动筛分法四种可行的碳化硼回收方法最佳的为振动筛分法。虽然确定了振动筛分法为最佳回收方法，但在该方法验证实验中所存在的板结和团聚问题，有待进一步解决。对于利用振动筛分法进行 F240-W 中碳化硼的回收细节，可根据筛分物料的颗粒粒径差异，选用不同规格的筛网（参照标准：GB6005—85 或 ISO565—1983），以此满足筛分需求。

第四节　本章小结

本章通过对常规过滤法、离心分离法、重力沉降法以及振动筛分法四种分离方法的分析研究，得知了上述四种方法均是可行的，但各有利弊。由此，基于 AHP 法对四种分离方法进行了建模和计算，最后确定振动筛分法为碳化硼回收的最佳方法。

第四章 碳化硼循环
再利用设备结构设计

在优选出振动筛分法的基础上，为了克服国内外研究现状存在的理论多而实践应用少的问题，本章首先探索了将前期基础研究的成果应用到碳化硼循环再利用设备结构的初步设计。通过对初步方案的讨论分析，积累了经验，发现了问题。继而运用 TRIZ 理论工具，借助"九屏幕法"优化了设计思路，利用"SAFC 分析模型"对初步方案进行了优化完善，确定了最终方案，最后完成了对碳化硼回收设备结构的详细设计。

第一节 设备结构的初步设计

在前一章中确定了采用振动筛分法作为最佳碳化硼的回收方法，以便实现 LED 衬底研磨废液中碳化硼的循环再利用。为实现碳化硼循环再利用设备的从"无"到"有"，首先在振动筛分法验证实验的基础上进行了碳化硼回收设备设计方案的初步探索。基于前期的理论分析和简易实验，对研磨废液中碳化硼的回收设计步骤如下，具体回收流程如图 4.1 所示。

步骤 1：将蓝宝石衬底研磨废液与盐酸（0.1 mol/L）按照质量比为 1：2

进行混合搅拌，去除废液中由研磨盘所带来的铁屑，使之生成氯化物溶解在溶液中。

步骤2：将除铁后的溶液在超声波清洗机中进行洗涤，洗涤时间为30 min，通过洗涤将团聚的氧化铝和碳化硼微粒彻底分离，同时也将黏附在碳化硼表面的杂质分离。

步骤3：将超声波清洗后的溶液进行固液分离，并检测滤液是否达到标准。主要看碳化硼表面氧化铝的分离情况。如果达到标准，就将得到的固体混合物进行水洗，然后进行步骤4。如果未达到标准，就返回步骤2再进行超声波清洗，直到符合标准。

步骤4：将步骤3中得到的混合物采用工业箱式烘干机进行烘干，设置烘干温度为60℃，烘干时间设置为30 min，以得到干燥的碳化硼和氧化铝的混合颗粒。

步骤5：将步骤4中得到的干燥物料选用OCTAGON 200标准筛振筛机进行筛分，选择筛分网格为W40的筛网，由于混合物中碳化硼的粒度范围为20 ~ 100 μm，氧化铝粒径范围为3 ~ 10 μm，故将获得粒径大于40 μm的碳化硼微粒和其他颗粒粒径小于40 μm的碳化硼与氧化铝的混合物。

步骤6：将步骤5中筛分所得粒径不小于40 μm的碳化硼粉体进行金相显微观察，检测是否符合粒径要求，同时将筛分过滤小于40 μm的碳化硼和氧化铝的混合物收集，作为耐火材料的原料；该过程中金相显微观察取样采取随机抽样的方式，对每一批筛分所得碳化硼随机取样三次进行观察。

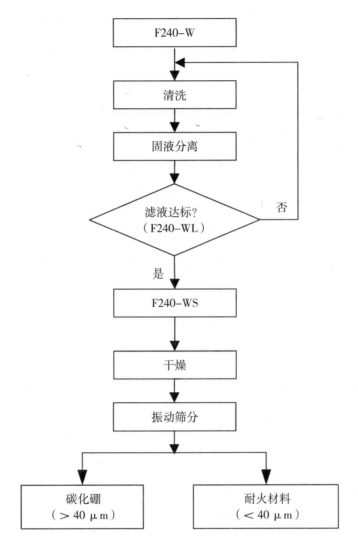

图 4.1　F240-W 中碳化硼的回收流程示意图

在上述回收步骤和流程确定后，将回收装置确定为清洗、烘干和振动筛分等模块，并通过 PLC（可编程逻辑控制器）来实现控制。将回收系统主要划分为两部分：机械结构模块与 PLC 控制模块。机械部分包括上述三大流程的具体实现方法，合理设计各个模块及其连接形式。PLC 控制模块则主要为各个模块的时间控制，合理控制各个模块的启停时间以实现自动控制。

一、整体设计

整个装置为不锈钢材料，采用可调节脚轮，方便移动和减震。设备的总高度为 1 400 mm，操作台面高度为 820 mm。利用模块化设计回收系统可分为回收模块和辅助模块，从而将清洗、烘干和筛分等环节集成在一起，并单独设置电控箱。这样不仅可以简化回收工艺，还可以实现空间利用的最大化。通过设置显示屏还可以调节进出水口的打开时间、烘干的温度、超声波清洗和振动筛分过程中的各个参数。利用 UG 软件三维建模后的设备结构和功能名称如图 4.2 所示。

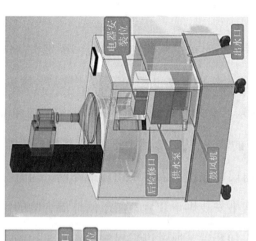

（c）

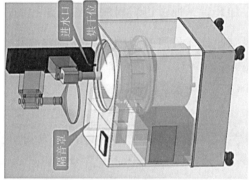

（b）

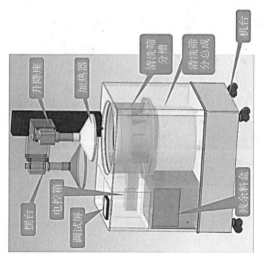

（a）

图 4.2 回收装置整体设计结构模型各视角图

二、回收模块

回收模块（即清洗筛分总成）由两部分组成，分别为清洗筛分器和清洗筛分槽。清洗筛分器包括超声波和振动筛分；清洗筛分槽包括清洗槽、分离槽等，如图 4.3 所示。总体方案为利用将超声波清洗器和振动筛分的总成来实现对研磨废液的清洗和筛分，其主要思路：将筛分装置设计为内、外两层，其中外层与内层相连接。内层采用标准筛网，同时在筛网侧面开孔，此外在内层筛网中安装烘干装置，用于固体混合物的烘干，内层筛网装置上布有物料添加装置，通过进料口的电磁阀来控制；外层与振动盘连接，其四周密封，此外在外层装置周围开物料取放孔，方便筛分后物料的取放。

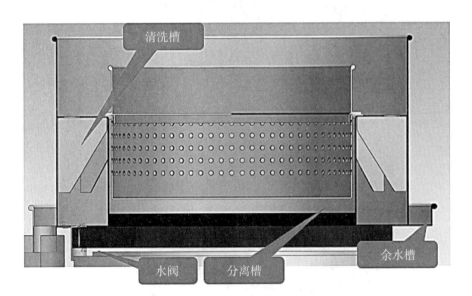

图 4.3　清洗筛分槽主要结构

清洗筛分槽的回收流程：首先将研磨废液放入筛分盘中，然后在清洗槽中加水与盐酸进行超声波清洗；清洁完成后，使用加热器干燥；烘干完成后进行振动筛分；筛分完成后将所得颗粒从筛分盘中取出。筛分盘分为上下盘，盘直径 300 mm，盘可自由分离，每次加工完成需要同时取出上、下筛分盘；小于 40 μm 的原料是下料备用盘，大于 40 μm 的是上方网格盘。在取出时须注意上下筛分盘之间的密封圈的清洁，不能有研磨废料余留在上面，否则会影响后续的回收。

三、辅助模块

设计机械辅助模块的目的为将各个功能实现过渡连接、方便后续维修保养，如进出水管、检修口、供水泵、鼓风机、升降台等的设计。进出水管由图 4.2 可以看出分别位于清洗筛分槽的上方和整个装置的左下角。清洗过程中进水管打开清洗，清洗完成后清洗废液会通过筛分清洗槽的左下角出水口进入残余料盒（图 4.4），废液会充满残余料盒，然后溢出，最后从出水管流出。残余料盒的作用为如遇到分离原料过多和流失原料就会流入残余料盒区，到一定时候可取出重新筛分，使利用率最大化。检修口设置在整个装置背面（图 4.2）。整个装置的几个核心部件都放置此处，后期的保养维护将会非常方便。鼓风机和供水泵的位置见图 4.2，分别用于烘干和清洗。升降台则用于控制加热器的升降，当需要烘干时加热器向下移动，反之向上。同时在整个装置外也安装参数可调的控制面板显示屏，用于整个装置中控制参数的调节。

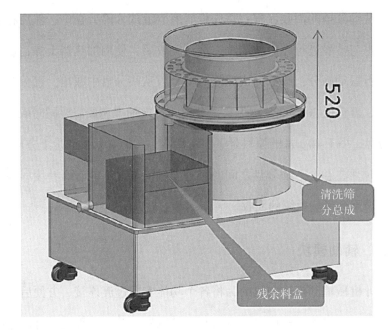

图 4.4　回收装置局部结构图

四、初步方案讨论

针对前期碳化硼回收方法展开了初步方案的设计，利用 UG 软件三维建模将理论转化成模型，可以直观地研究其功能和设计等方面的问题。通过与生产现场的一线工人及从事技术研发的工程师对接交流，主要是烘干带来的以下问题：一是由于烘干功能的实现带来了一些附加问题，如板结、排雾、除杂等问题。在此方案的基础上，如果要解决此问题，则需要添加相应的功能组件，从而导致装置的复杂和耗能等问题。二是筛分效率较低，由于涉及烘干，导致耗时长和单次处理量较小等问题。在此方案基础上，若要解决该问题就需要扩大清洗筛分槽以及加大烘干功率等，从而导致装置的复杂和耗能等问题。

因此，若要解决上述由于烘干带来的问题就需要优化初步方案，设计更为合理有效的回收流程，同时还要能够兼顾再设计后可能带来的其他新问题。

第二节　基于 TRIZ 理论的方案优化

一、TRIZ 理论工具

TRIZ（源于苏联，为俄文"Теория Решения Изобретательских Задач"首字母"ТРИЗ"，遵从 ISO/R9-1968E 规定，转换成拉丁字母，就形成了专用词汇"TRIZ"，翻译为"解决发明问题的理论"；英文翻译为"theory of inventive problem solving"），是由苏联发明家教育学家根里奇·阿奇舒勒（G.S.Altshuller）进行了大量专利分析以及创新案例的开发而提出建立的。阿奇舒勒认为所有领域的产品研发和发明问题均是有章可循的，都应该遵循一定的规律，所以他通过多年的研究，总结了多行业领域里发明创造所形成的规则，创建了解决发明问题的原理规律，提出了物理冲突和技术冲突以及解决问题矛盾所用到的分离原理和冲突矩阵等，并建立了 TRIZ 理论体系[78-79]。此套理论体系涵盖了一整套用于分析问题和解决问题的术语、算法及工具等。其中 TRIZ 理论工具又可以分为创新思维、创新方法和创新规律三大块，如图 4.5 所示。

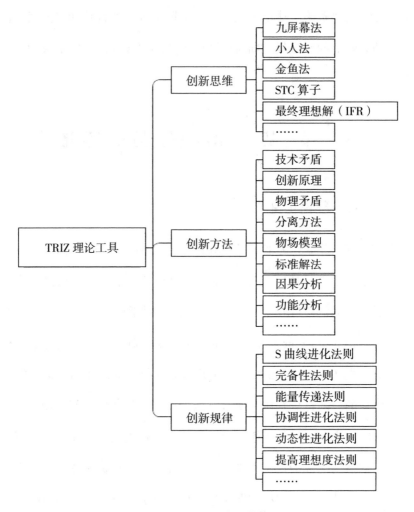

图 4.5　TRIZ 理论工具体系

　　用 TRIZ 解决技术问题，并不是一个随机的过程，而是基于一些基本的设计原理和方法，遵循事物发展的基本规律，根据 TRIZ 理论的一般步骤，设计人员可以非常有条理地设计出新产品，且预测未来的发展趋势。TRIZ 解决发明创造问题的一般方法如图 4.6 所示。首先，通过对研究问题的分析，判断出存在的矛盾问题；其次，针对矛盾问题进行抽象提炼，而后展开物场分析、技术矛盾以及物理矛盾，从简单到复杂地分类求解；进而，通过由 39 个通用工程参数（表 4.1）和 40 条发明原理（表 4.2）所构成的冲突矛盾矩阵（表 4.3）解决技术矛盾问题；类似地，通过表 4.4 所示的 4 个分离原理和表 4.5 所示的 76 个标准解来解决物理矛盾问题；此外，对于那些不容易找出矛盾的问题，则可以通过物质－场分析来求解；如果矛盾过于复杂，则可以用到 ARIZ（"发明问题解决算法"的俄文缩写，英文为 algorithm for inventive-problem solving）算法求解。[80]

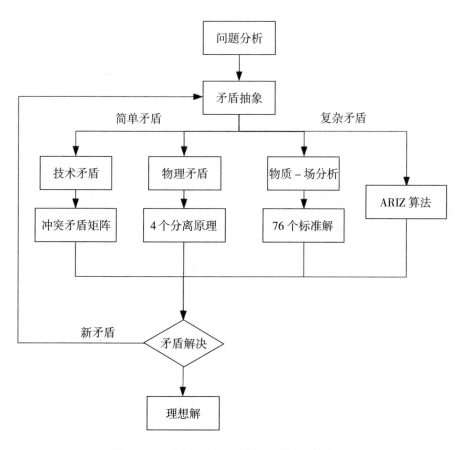

图 4.6 TRIZ 解决发明创造问题的一般方法

TRIZ 总结的 39 个通用工程参数见表 4.1，发明问题中的技术矛盾双方都可以转换为这 39 个通用工程参数中的某一个，这样就能统一各发明问题的描述语言，实现一般化表达。[81]

为了解决技术矛盾，TRIZ 提出了如表 4.2 所示的 40 条发明原理。这些原理都是通过大量的专利和实际案例分析研究后得出的，涉及广泛，涵盖整个行业领域，具有适用性和普遍性。[82] 通过实践，也证明了这些发明原理的可行性，可以有效解决大部分的发明问题，是 TRIZ 理论中使用最频繁的工具之一。[83]

表 4.1　39 个通用工程参数

编号	名称	编号	名称
1	运动物体的重量	21	功率
2	静止物体的重量	22	能量损失
3	运动物体的长度	23	物质损失
4	静止物体的长度	24	信息损失
5	运动物体的面积	25	时间损失
6	静止物体的面积	26	物质或事物的数量
7	运动物体的体积	27	可靠性
8	静止物体的体积	28	测试精度
9	速度	29	制造精度
10	力	30	作用于物体的有害因素
11	应力或压力	31	物体产生的有害因素
12	形状	32	可制造性
13	稳定性	33	可操作性
14	强度	34	可维修性
15	运动物体的作用时间	35	适应性及多用性
16	静止物体的作用时间	36	系统的复杂性
17	温度	37	控制和测量的复杂性
18	光照强度	38	自动化程度
19	运动物体的能量	39	生产率
20	静止物体的能量		

表 4.2　40 个发明原理

编号	名称	编号	名称
1	分割原理	21	减少有害作用的时间
2	抽取原理	22	变害为利原理
3	局部质量原理	23	反馈原理
4	增加不对称原理	24	借助中介物质原理
5	组合原理	25	自服务原理
6	多用性原理	26	复制原理
7	嵌套原理	27	廉价代替品原理
8	重量补偿原理	28	机械系统替代原理
9	预先反作用原理	29	气压与液压结构原理
10	预先作用原理	30	柔性壳体或薄膜原理
11	预补偿原理	31	多孔材料原理
12	等势原理	32	颜色改变原理
13	反向作用原理	33	均质性原理
14	曲面化原理	34	抛弃或再生原理
15	动态特性原理	35	物理或化学参数改变
16	未达到或过度作用原理	36	相变原理
17	空间维数变化原理	37	热膨胀原理
18	机械振动原理	38	强氧化剂原理
19	周期性作用原理	39	惰性环境原理
20	有效作用的连续性原理	40	复合材料原理

阿奇舒勒和他的团队通过将技术矛盾双方转换为 TRIZ 中的 39 条通用工程参数，进而构建了矛盾矩阵，如表 4.3 所示。横纵坐标分别表示技术冲突双方，矩阵中的元素即为发明问题解决原理。这样设计人员在研发产品时就能依据矩阵进行原理的搜索，从而获得一些启示去解决发明问题。当发现技术矛盾后，这两条通用工程参数对应于冲突矛盾矩阵中的水平和垂直坐标，矩阵中的交点即元素就为解决这两者矛盾的发明原理数字，依照这一个或多个数字就能得到解决发明问题的启示。[82]

改善的参数	恶化的参数						
	1 运动物体的重量	2 静止物体的重量	...	12 形状	...	38 自动化程度	39 生产率
1 运动物体的重量	+	−	...	10, 14, 35, 40	...	26, 35, 18, 19	35, 3, 24, 37
2 静止物体的重量	−	+	...	13, 10, 29, 14	...	2, 26, 35	1, 28, 15, 35
...	...	...	+	...	...	...	...
12 形状	8, 10, 29, 40	15, 10, 26, 3	...	+	...	15, 1, 32	17, 26, 34, 10
...	...	...	...	...	+	...	...
38 自动化程度	28, 26, 18, 35	28, 26, 35, 10	...	15, 32, 1, 13	...	+	5, 12, 35, 26
39 生产率	35, 26, 24, 37	28, 27, 15, 3	...	14, 10, 34, 40	...	5, 12, 35, 26	+

表 4.3　部分简化冲突矛盾矩阵

TRIZ 理论认为解决物理矛盾的方法主要取决于四个分离原理：条件分离原理、整体和局部分离原理、空间分离原理以及时间分离原理。研究学者通过不断地实例研究发现，物理矛盾和技术矛盾并不是简单的独立隔离，而是存在对应关系，通过大量的总结经验得出来的对应关系，如表 4.4 所示。

除了冲突矛盾矩阵和物理分离原理可以分别解决技术冲突和物理冲突外，TRIZ 中还创建了物质 – 场分析用来解决上述两类工具都不能解决的其他问题。物质 – 场分析法是指从物质和场两个角度分别分析与构造最小的模型，集中反映了技术系统的结构属性[53]，提出了一些解决问题主要矛盾的变换原理和工具，并按照一定的程序进行。[54]物质 –

场分析模型中包含物质 S_1、S_2 以及场 F 三种基本元素。TRIZ 认为这三者同时具备的条件下才能解决发明问题，TRIZ 通过大量分析专利中的问题对象和最终理想解（IFR）的物场模型（即 S–F 模型，如表 4.6 和图 4.7 所示）。在物质 – 场模型的基础上，TRIZ 又提出 76 个标准解以对应每一种模型，在解决实际问题时，就能按照 76 个标准解的内容来针对性地解决五种物质 – 场模型问题，如表 4.5 所示 TRIZ 理论体系共归纳出了 76 个可以作为不同领域内发明问题的一般解决思路，经过多年的传播与运用，事实证明其确实在发明创造中具有一定的有效性、一致性和应用的广泛性。[84]

表 4.4　分离原理与发明原理的对应关系

分离原理	发明原理
时间分离	1，2，3，4，7，17
空间分离	9，10，11，15，34
条件分离	3，17，19，31，32，40
整体与局部分离	1，5，12，31，33

表 4.5　76 个标准解

类别	类别名称	标准解内容	适用范围
第一类	建立和拆解物质 – 场模型	2 个子系统 13 个标准解	适用于不完整或有害作用的物质 – 场模型
第二类	完善物质 – 场模型	4 个子系统 23 个标准解	适用于有用但不足的物质 – 场模型
第三类	转换到超系统或微观级别	2 个子系统 6 个标准解	适用于有用但不足的物质 – 场模型
第四类	用于检测和测量的标准解	5 个子系统 17 个标准解	检测或测量问题
第五类	简化和改善策略	5 个子系统 17 个标准解	对系统进行简化和改善

表 4.6　物质 – 场模型的含义

分类	含义
不完整模型	两物质、场三者不同时存在
非有效完整模型	两物质、场均在，但三者不能有效实现期望效应
有害模型	两物质、场均在，但三者产生了与期望相反的效应
有效完整模型	两物质、场三者均在，且三者产生了期望得到的效应

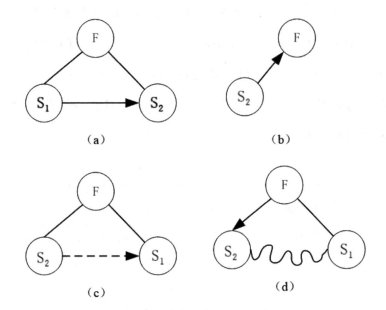

图 4.7　物质 – 场模型的分类

（a）有效完整模型；（b）不完整模型；（c）非有效完整模型；（d）有害模型

二、TRIZ "九屏幕法"优化设计思路

TRIZ "九屏幕法"，简称"九屏法"，又称"九窗口法"和"九宫格法"等，其是 TRIZ 理论中用以克服思维惯性、独特有效的一种思维方法。利用九屏幕法研究解决问题的核心思路在于：视问题主体为当前的一个具体系统，通过时间和空间两个维度九个方面的组合后，分别对系统的现在、

过去和未来，现在系统、子系统和超系统展开成分组成的分析讨论，于是形成基本体系框架——如图 4.8 所示的九屏幕法。通过该方法可以快速分析判断出系统资源生成过程与配置中的优缺点，进而提出扬长避短、取长补短的优化思路。[85-87]

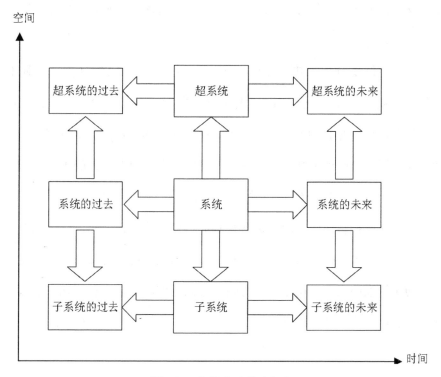

图 4.8　九屏幕法基本框架

基于上述理论，以本课题研究问题的主体对象"F240-W 研磨液"为当前系统，运用九屏幕法展开如图 4.9 所示的分析讨论。由九屏幕分析图可知：当前系统的子系统为研磨后的 F240 型号 B_4C（记为 F240-WB_4C）、含有机物的废水（有机成分来自研磨助剂）以及其他废渣（研磨铸铁盘掉落的极微量铁屑、Al_2O_3），其超系统为废液桶、废固池和除废站；

从当前系统向后看，是系统的过去，即 F240 研磨液，其子系统为 F240 型号的 B_4C、研磨助剂和工业纯水，其超系统为搅拌桶、蠕动泵和研磨机；从当前系统向前看，是系统的未来，即待利用回收物料（分离出的各粒径范围的 B_4C、有机废水、废渣），其子系统为待回收再利用的 B_4C、待作耐火材料的 B_4C、待净化处理的废水废渣，其超系统为研磨液配比系统、废物处理系统。

通过九屏幕分析可知，F240-W 研磨液是从干物料 F240B_4C 添加研磨助剂和工业纯水后按一定比例配成湿物料的 F240 研磨液经研磨过程生成的，其研磨废液中的 B_4C 回收后的循环再利用仍然需要将 F240-WB_4C 干物料通过添加研磨助剂和工业纯水后按一定比例配成湿物料的再利用研磨液。由此可见，对于本课题研究的 F240-W 研磨液中碳化硼的循环再利用，其实就是从湿物料回收提取目标颗粒物后再到湿物料，因此可以优化设计思路为将物料最后回收阶段的干物料的筛分优化为物料的筛分，以此克服之前初步探索中出现的由于烘干等过程导致的问题缺陷。利用九屏幕法优化后的设计思路如图 4.10 所示。

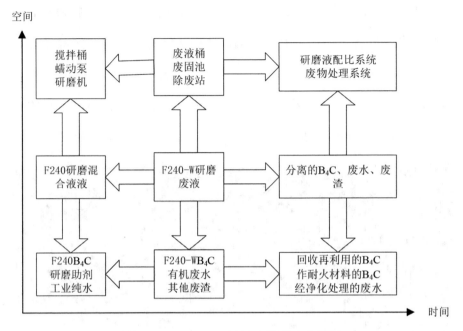

图 4.9　F240-W 研磨液九屏幕法分析图

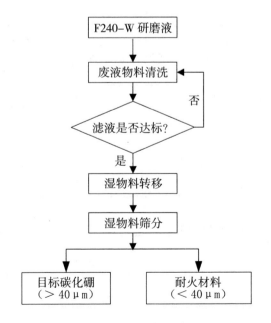

图 4.10　优化后的设计思路

基于上述优化后的思路，针对 F240-W 研磨废液的湿物料筛分的可行性问题，进行了简易的补充实验，如图 4.11 所示，图中实验尽管对 F240-W 废液并未作清洗稀释预处理，但是由筛分现象可见效果仍然良好。经过对筛分后的上下两层物料进行分析检测后，得知湿物料筛分的回收物料满足要求，符合预期判断。因此，补充实验验证了优化后的思路可行。

图 4.11　湿物料筛分简易实验组图

三、"SAFC 分析模型"确定最终方案

"SAFC 分析模型"是由清华大学技术创新研究中心的张武[88]和中国发明协会的赵敏[89]等人在统一 TRIZ（unified TRIZ，简记为 U-TRIZ，）解题流程（如图 4.12 所示）基础上，汲取了经典 TRIZ 以及现代 TRIZ 理论体系中物场模型所构建的"物质（substance）—属性（attribute）—功能（function）—因果（cause-result）"分析模型，即 SAFC 分析模型。

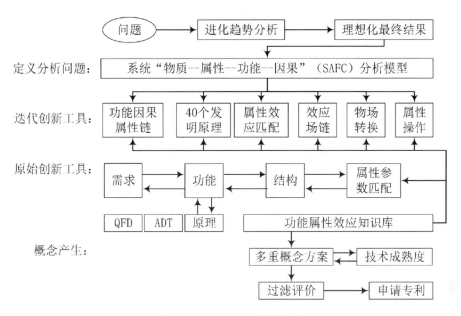

图 4.12　U-TRIZ 解题流程

如图 4.13 所示为标准的 SAFC 分析模型框架结构。其中，S_1 和 S_2 是两种相互作用的物质，它们各自的属性是 A_1 和 A_2。一般而言，物质 S_1 被视为动作所发出的主体对象，即功能载体。物质 S_2 被视为该动作接受的客体对象。物质 S_3 是基于 S_1 与 S_2 之间相互作用后而产生的衍生物以实现其功能，其属性为 A_3；此外，S_1 和 S_2 相互作用后还可能会形成有害或有用的功能，即 F_{uh}。

使用 U-TRIZ"SAFC 分析模型"解决"杰克逊纪念堂外墙的腐蚀"经典工程问题的模型分析如图 4.14 所示。通过 SAFC 模型分析可知，就该纪念堂的外墙腐蚀问题而言，同时展开因果属性与功能属性的分析，有利于针对研究的问题判断出矛盾产生的过程环节，从问题顶层反推各个 SAFC 要素，便于提出有效的问题解题方案。所以及时清理"有机的灰尘"或隔断"充足的阳光"即可解决杰克逊纪念堂外墙腐蚀问题。

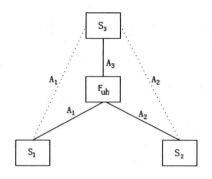

图 4.13　标准的 SAFC 分析模型框架结构

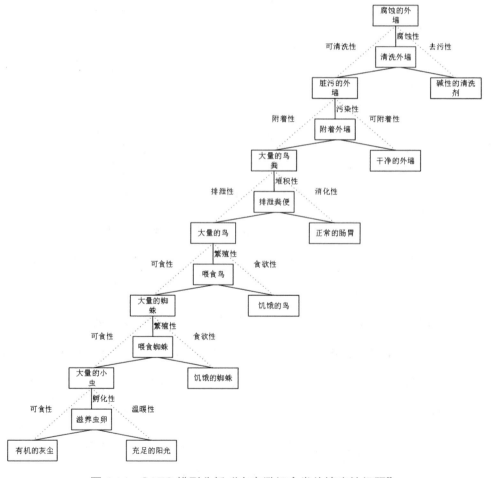

图 4.14　SAFC 模型分析"杰克逊纪念堂外墙腐蚀问题"

基于上述 U–TRIZ 理论，对于 F240–W 研磨废料中碳化硼的回收问题，建立 SAFC 分析模型，进而可以直观全面清晰地讨论分析，优化回收装置的设计方案。本课题借助 SAFC 模型主要从两个思维方向对所研究问题进行了分析：① F240–W 研磨废料的生成过程进行了 SAFC 建模，如图 4.15 所示；② F240–W 研磨废料的组成物料进行了 SAFC 建模，如图 4.16 所示。由两 SAFC 模型图可知，解决碳化硼回收问题的主要矛盾点集中在对 F240–WL（水溶性）的处理以及对 F240–WS（碳化硼和 α–氧化铝颗粒粒径范围不同）的分离两点上。

综上所述，通过 F240–W 研磨废料中碳化硼回收问题的 SAFC 模型分析，最终优化后的回收主体方案：针对 F240–WL 具有水溶性，采用横板式搅拌反复清洗的方式进行处理（循环次数视物料量，结合实验和操作经验而定）；针对 F240–WS 中碳化硼（粒径范围 $20 \sim 100\,\mu m$，目标粒径 $\geqslant 40\,\mu m$）和 α–氧化铝（粒径范围：$3 \sim 10\,\mu m$）颗粒粒径范围不同，采取振动分层湿物料筛分的方式进行分离。同时增设洒水喷头使湿物料得到充分的筛分，进而回收得到目标粒径的碳化硼磨料。最终优化后的技术方案流程如图 4.17 所示。

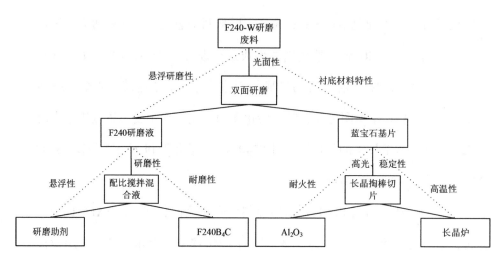

图 4.15 SAFC 模型分析 F240-W 研磨废料的生成过程

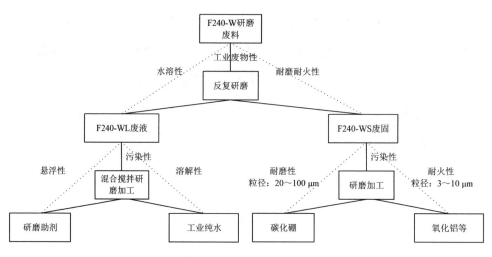

图 4.16 SAFC 模型分析 F240-W 研磨废液的物料组成

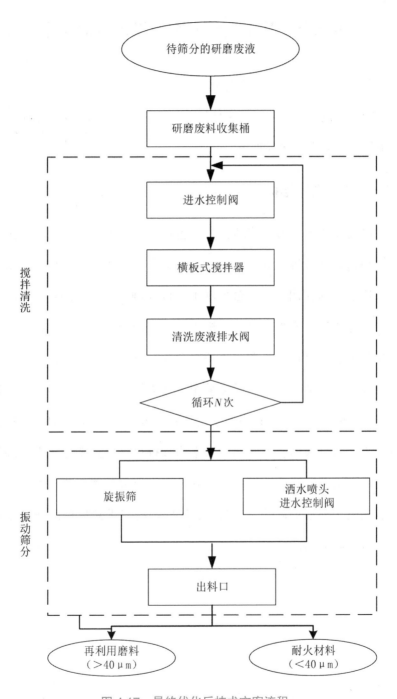

图 4.17 最终优化后技术方案流程

第三节　基于最终方案的设备结构设计

在前期优化设计思路和确定最终技术方案流程基础上，针对碳化硼回收装置的结构设计主要从装置主体结构、搅拌清洗模块、振动筛分模块以及设备外部结构四个方面展开。

一、设备主体结构

碳化硼回收设备的主体结构主要包括自动控制装置、搅拌清洗装置以及振动筛分装置等，如图 4.18、4.19 所示。此外该设备在控制系统方面可以通过自动控制面板（触摸屏）一键控制，实现 F240-W 废液经过"多次搅拌清洗—排废水除掉有机成分—借助抽泵将物料转移—筛分回收"等环节进行目标碳化硼回收的自动执行全过程。此外，设备的主体设计兼顾了以下细节：控制面板采用柔性连接管壁，可以多角度旋转，便于技术人员观察和操作；为便于设备的搬运转移，底部设计有万向轮；排出的废水通过整体设备底部的蓄水槽直排口排出至工业污水处理管道系统，蓄水槽可以储蓄一定的水量并设有水位传感器，防止由于管口堵塞等造成废水外溢的问题。通过 UG 软件进行三维建模后的设备主体结构效果如图 4.20 所示。

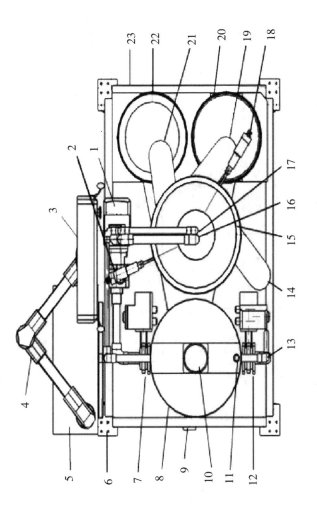

图 4.18　装置主体结构示意图一

1—物料转移抽泵；2—中间层筛格电动推缸；3—自动控制面板；4—柔性连接管臂；5—电气控制箱；6—万向轮；7—排料口电动蝶阀；8—搅拌清洗装置；9—蓄水槽直排口；10—搅拌电机；11—液位传感器；12—排水口电动蝶阀；13—溢流口管道；14—顶层出料口；15—筛分装置；16—筛分进料管口；17—喷水管口；18—顶层筛格电动推缸；19—中间层出料口；20—中间层物料收集装置；21—底层物料收集装置；22—底层物料收集装置；23—底部蓄水槽。

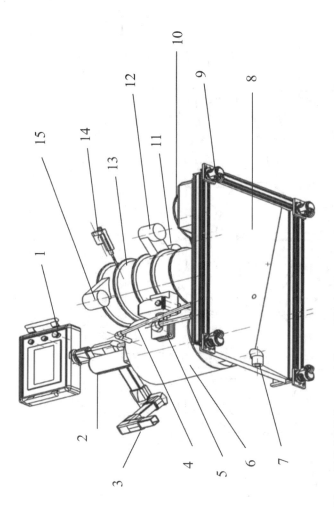

图 4.19　装置主体结构示意图二

1—自动控制面板；2—柔性连接管臂；4—万向轮；6—搅拌清洗装置；7—搅拌电机；9—排水口电动蝶阀；10—溢流口管道；11—顶层出料口；12—筛分装置；15—顶层筛格电动推缸；16—中间层出料口；18—底层出料口；19—底层物料收集装置；20—底部蓄水槽；23—蓄水槽直排口。

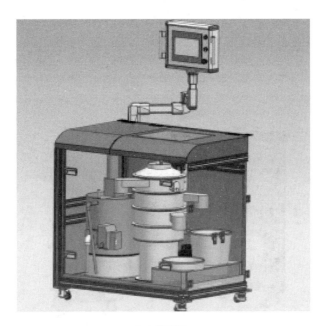

（a）效果图一

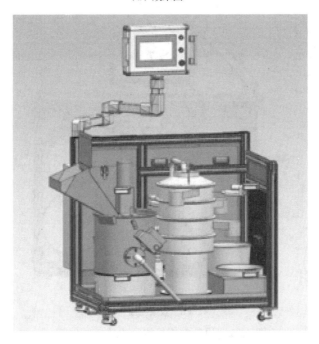

（b）效果图二

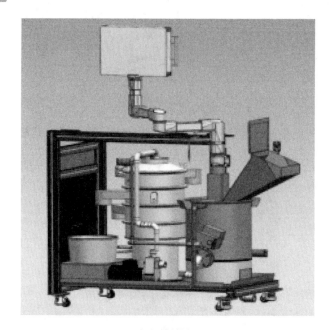

（c）效果图三

（d）效果图四

图 4.20　设备主体结构三维建模效果图

二、搅拌清洗模块

搅拌清洗模块主要是通过对搅拌清洗装置内反复注入和排出水，从而实现对 F240-W 研磨废料中具有水溶性的 F240-WL（有机液体成分）进行溶解稀释排出去除。如图 4.21 所示，清洗搅拌装置主要包括搅拌电机、搅拌桶和搅拌轴。搅拌桶顶部开设有进料口。搅拌电机安装在搅拌桶上方，搅拌轴位于搅拌桶内。搅拌轴的上端与搅拌电机的输出轴连接。搅拌轴底部安装有横板式搅拌片。搅拌桶的内壁上分别设置有上、下限液位传感器。搅拌桶侧壁上分别设有进水管、出料口、排水口和溢流口。供水管的出水口通过水路电磁阀与进水管相通。原料仓的出料口与进料口相通。排水口电动蝶阀安装在出料口上。出料口通过管道及出料口电动蝶阀与物料转移抽泵相通。

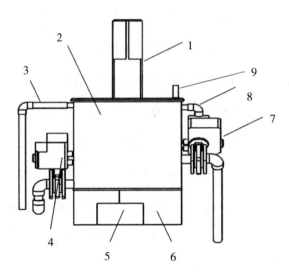

1—搅拌电机；2—搅拌清洗装置；3—进水管；4—排料口电动蝶阀；5—底座方孔；6—装置底座；7—排水口电动蝶阀；8—溢流口管道；9—液位传感器。

图 4.21 清洗搅拌装置结构示意图

三、振动筛分模块

振动筛分模块主要包括筛分装置和物料收集装置等。其中，筛分装置的核心部分振动筛分机是在借鉴贺占胥[90]所设计振动筛的基础上，为实现本课题研究的目标功能进行创新性改造后完成的。

如图 4.22 所示，振动筛分模块中的筛分装置设置有工作腔，工作腔内布置有三层筛格，其顶端设置有进料口，并与工作腔相通，另设置有筛分进料管、筛分喷水管。筛分装置侧壁上对应于各个筛格分别设置有出料口，各出料口通过电动推缸自动控制开启与关闭。各物料收集装置布置在各自对应出料口下方。筛分过程中，物料转移抽泵将清洗搅拌后的物料抽取转移至筛分装置的工作腔内，喷水管间断地向工作腔内喷水，通过间歇启停筛分机，实现充分筛分和高效分离。

如图 4.23 所示，振动筛分机主要包括筛架主体、筛格、筛分电机和底座等结构。筛架主体包括从上至下依次重叠设置的三个筛格。每一筛格上均设置有一出料口。相邻筛格之间均设置有筛网网架。筛网网架上设置有筛网。底层筛格内部设有圆锥体，便于底层物料的充分出料。振动电机托罩的罩体主要由底板和侧板组成，对筛分电机起到提托支撑作用。筛分电机布置在振动电机托罩底板上表面的中间位置。筛分电机的筛分电机轴的输出端连接振动偏心块，通过偏心振动原理实现振动筛分功能。底座上表面的四周通过若干支柱连接有减震弹簧。筛架主体与底座之间通过减震弹簧连接，确保振动筛分效果的同时减少对外影响。

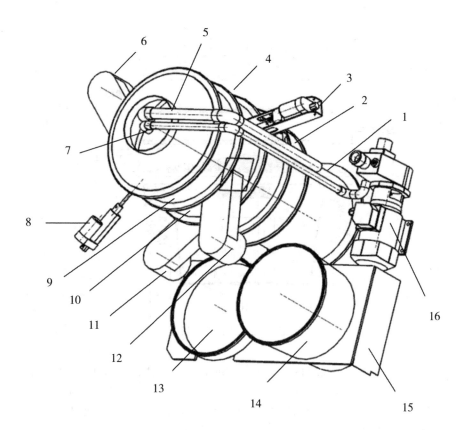

1—筛分电机机座；2—底层筛格；3—中间层筛格电动推缸；4—筛分装置；5—筛分喷水管；6—顶层出料口；7—筛分进料管；8—顶层筛格电动推缸；9—顶层筛格；10—中间层筛格；11—底层出料口；12—中间层出料口；13—底层物料收集装置；14—中间层物料收集装置；15—收集装置固架；16—物料转移抽泵。

图 4.22　振动筛分模块主要结构

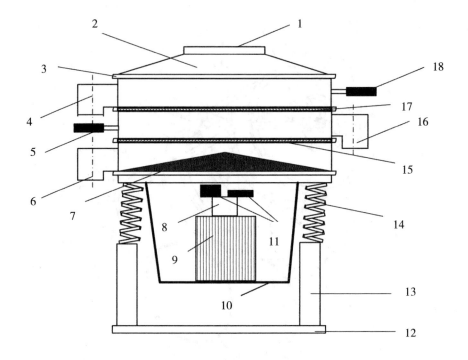

1—筛分进料口；2—顶层筛格盖；3—筛格箍圈；4—顶口层出料；5—中间层筛格电动推缸；6—底层出料口；7—底层筛格圆锥体；8—电机轴；9—电机；10—振动电机托罩；11—振动偏心块；12—筛分机底座；13—支柱；14—减震弹簧；15—中间层筛格网；16—中间层出料口；17—顶层筛格网；18—顶层筛格电动推缸。

图 4.23　振动筛分机结构示意图

四、设备外部结构

碳化硼回收设备外部结构的三维效果如图 4.24 所示（设备外观尺寸：长 × 宽 × 高 =1 420 mm×1 015 mm×1 200 mm），其外部结构的设计在兼顾上述各模块结构及功能设计的基础上，更注重美观大方、经济实用以及方便操作和观察等。具体体现在以下几个方面：① 设备的左侧设置有翻斗式加料口，便于待处理 F240-W 废液的倒入。② 为便于系统逻辑检测提醒，设置报警"红黄绿"三色指示灯。③ 蓄水槽与内部装置之间的底部承重结构板材在不影响设备稳定性的基础上，采取错位多开孔轻量化设计，既减轻重量，又便于废液废渣的流出。④ 顶部柜体盖板中部采用镂空透明设计，便于封闭柜体消除杂音，同时便于技术人员观察。⑤ 设备整体各方向柜门均可拆除，安装方便可靠，便于设备的维护保养与检修。上述碳化硼回收设备的设计方案已申请国家发明专利 1 项（已公开）。

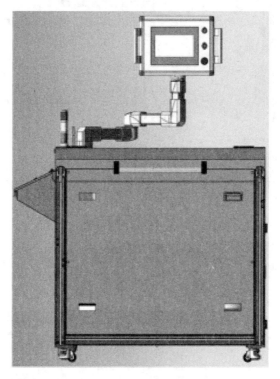

（a）设备外部结构主视图

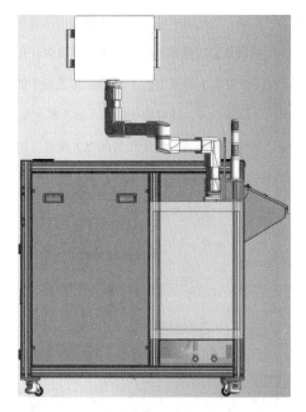

（b）设备外部结构后视图

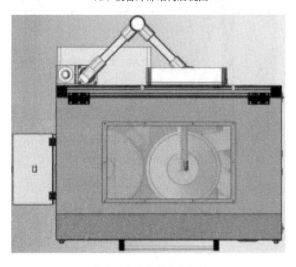

（c）设备外部结构俯视图

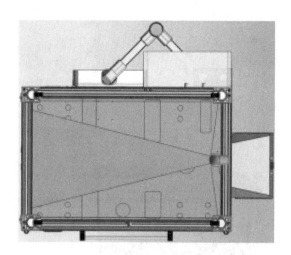

（d）设备外部结构仰视图

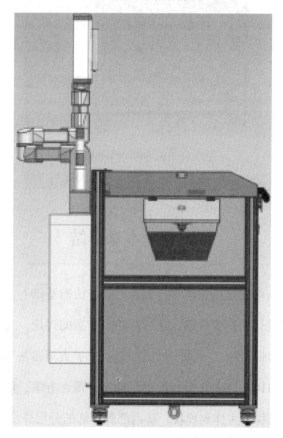

（e）设备外部结构左视图

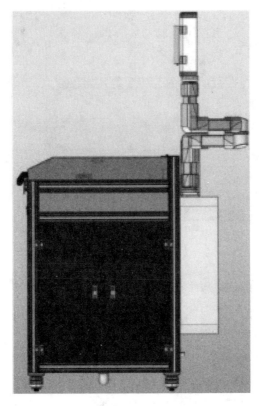

（f）设备外部结构右视图

图 4.24　设备外部结构三维建模效果各视图

第四节　本章小结

本章在前一章优选出振动筛分最佳回收方法的基础上，进行了碳化硼回收设备结构设计的初步探索。通过对初步方案的讨论，发现了由实现烘干功能造成的附带问题，进而借助 TRIZ 理论中的"九屏幕法"优化设计思路，同时还利用 U–TRIZ "SAFC 分析模型"确定了最终方案，最后完成了对碳化硼回收设备结构从主体到模块，从内部到外部的分层分步设计。

第五章　碳化硼循环再利用
设备样机制作与应用

通过前文的详细设计，形成思路清晰、功能全面的碳化硼循环再利用设备方案，并确定了设备的外部结构和内部细节。为了将理论设计应用于实践，从而实现切实有效的碳化硼循环再利用的最终目的，本章将在前期研究设计的基础上展开设备样机的硬件加工制作和软件控制系统的开发。最终将通过样机的实践应用来检验前期研究成果的可行性和有效性。

第一节　样机硬件结构研制

在前期研究和结构设计的基础上，结合市场调研，梳理出碳化硼回收设备样机工作的流程示意图，如图 5.1 所示。设备样机主要由"搅拌清洗装置"和"振动筛分装置"两大模块，以及"电路系统"和"液路系统"两大系统构成。搅拌清洗装置主要由清洗搅拌装置主要包括横板式搅拌电机、搅拌清洗桶、水路控制电磁阀、废液料进排电磁蝶阀以及霍尔、液位等传感器组成。此外,搅拌清洗装置还充分考虑了可能的溢流和外部结构的清洗等使用细节。清洗过的物料通过抽料泵转移至振动筛分模块。振动筛分模块主要包括筛分装置和物料收集装置等。筛分装置设置有三层筛格，各筛格侧壁上对应有自动控制的出料开关。各物料收集装置布置在各自对应出料口下方。

研磨废液中碳化硼回收技术与应用

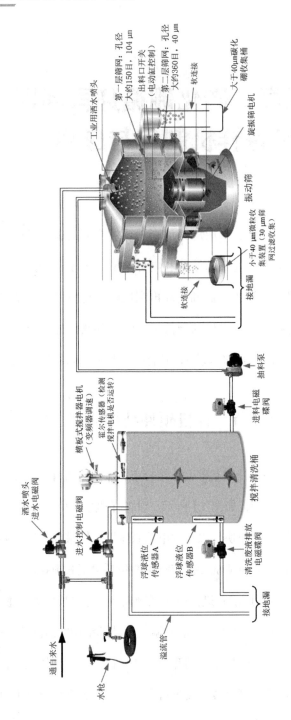

图 5.1　设备样机工作流程示意图

一、样机主要零部件

基于碳化硼回收设备样机的工作流程，在对样机进行加工制作时，坚持以功能为主，经济实用为原则，对照样机结构设计的功能原理，展开样机的加工制作。在样机主要零部件等器材的加工制作方面，采取边制作边试验的方式，进行采购和定制，以期达到最佳的效果。通过市场调研，结合样机结构实际，统计梳理出设备样机的主要元器件的型号、规格及参数，如表 5.1 所示。由此可知，设备样机的总功率为 922 W，相对国内本领域的其他研究而言，显然比较节能。最终通过采购市场上已有的成品器材以及设计定制关键构件，梳理出用于样机实体加工制作的主要零部件实物如图 5.2 所示。

表 5.1　设备样机主要元器件规格参数

序号	名称	型号	数量	额定电压	额定功率
1	PLC 控制器	FP-XO L40R	1	AC220 V	120 W
2	触摸屏	MT8102IE	1	DC24 V	16 W
3	抽料泵	25FX-8	1	AC380 V	250 W
4	振动电机	YZUL3-4	1	AC380 V	180 W
5	电动蝶阀	DN40-50	2	DC24 V	15 W
6	电磁阀	6 分（20 mm）	2	DC24 V	28 W
7	搅拌电机	61K250RGN-CF	1	AC220 V	250 W
8	液位传感器	S1A1（350/10 mm）	2	AC220 V	10 W
设备总功率					922 W

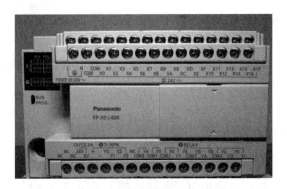

（a）PLC 控制器

（b）触摸屏

（c）电动蝶阀

（d）物料抽泵　　　　　　　　（e）控水电磁阀

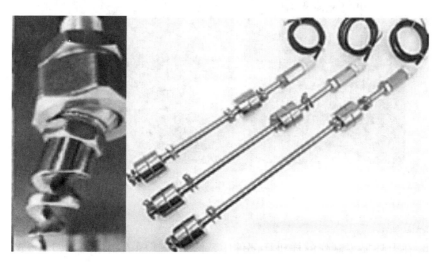

（f）注水喷头　　　　　　　　（g）液位传感器

（h）加工制作的清洗搅拌装置

（i）加工制作的筛分装置

图 5.2　设备样机加工制作所用到的主要零部件

在上述加工制作的样机零部件中，清洗搅拌桶的制作细节如图 5.3 所示，桶体尺寸为直径 400 mm、高 400 mm、厚 2.0 mm（材质为 304 不锈钢），桶顶敞口不设盖，沿桶顶直径方向焊接搅拌电机支撑架（宽 20 mm，长 400 mm）。桶体共开 5 孔：孔 1 靠桶底开设，直径为 25 mm，用于连接安装排料电动蝶阀；孔 2 位于对桶中心轴孔 1 对称处，距桶底上升 100 mm 开设，直径为 25 mm，用于连接安装排水电动蝶阀；孔 3 为传感器电源线孔，距桶顶 40 mm，直径为 6 mm：孔 4 为溢流孔，距桶顶 30 mm 开设，直径为 8 mm；孔 5 为注水孔，距桶顶 5 mm 开设，直径为 20 mm，用于连接安装控水电磁阀。

筛分装置的加工制作，在确保达到筛分效果的同时兼顾了筛格出料口的密闭性以及物料的充分筛分和出料。如图 5.4 所示，通过在筛格出料口的开关挡板上增设橡胶套垫，有效解决了筛格内湿物料的密闭性。通过增设的喷头在筛分过程中进行注水，利用水流冲击使得物料得到充分的筛分以及较好地出料，如图 5.5 所示。

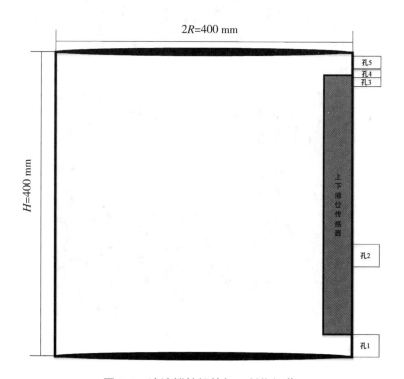

图 5.3　清洗搅拌桶的加工制作细节

（a）筛格内部出料口

（b）挡板上增设的橡胶套垫

图 5.4　筛格出料口的密闭性制作细节

（a）进料管进料

（b）喷头注水

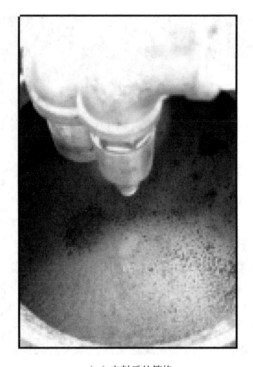

（c）出料后的筛格

图 5.5　充分筛分与出料

二、样机部件的组装

在上述样机零部件的加工制作基础上，结合前一章的设备结构设计，对照样机工作流程，采取"先局部后整体、先模块后细节、先下后上"的装配原则展开样机的组装，如图 5.6 所示。其中，底部承重结构进行了开孔轻量化设计，在确保设备承载稳定性的同时，既减轻了设备总重又方便排放废液便于清理维护。顶部操作面板设有紧急停止按钮用于防止意外故障时急停操作，确保设备的安全性。此外，设备的柜体侧面增设了用于清洗的水枪，便于维护保养。

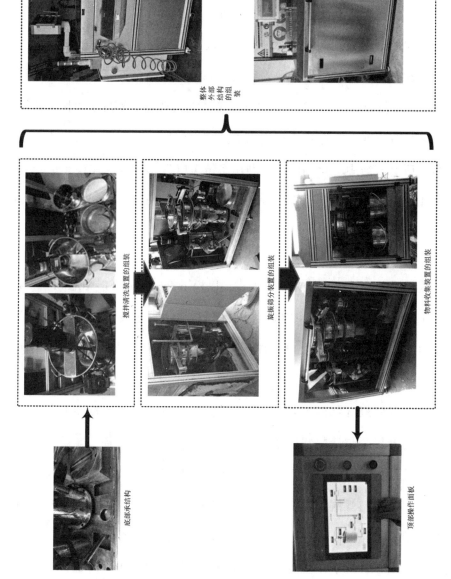

图 5.6　样机部件的组装

第二节　样机软件系统开发

综合前一章的结构设计，控制系统的设计是基于 PLC 与触摸屏控制面板的一套集运行模式选择、参数设置、状态监测、实时工序动态显示等为一体的自动控制系统。通过一键启动实现自动控制，全程显示工序的实时动态及相应的时间参数，安全可靠，在解放人工劳动生产力的同时，提高了作业效率，解决了碳化硼磨料的处理问题，实现了对目标粒径碳化硼的分级回收和循环再利用。本控制系统软件的中文全名为"蓝宝石衬底研磨废液中碳化硼回收再利用系统 V1.0"，软件著作权登记号为 2019SR1452312。

一、PLC 控制程序

根据设备的结构设计和工作流程，以松下 Panasonic FP-X0L30R 型号的 PLC 为例，利用 FPWINGR 软件进行 PLC 控制程序设计。对 PLC 的编程语言主要有顺序功能图、梯形图以及指令表等[91]，结合实际，采用梯形图编制本课题的 PLC 控制程序。

主要程序概况如图 5.7 所示，PLC 控制总程序［图 5.7（a）］主要包括定时器指令与计数器指令控制各个阀门的开闭以及各功能模块的启停；清洗搅拌模块［图 5.7（b）］主要控制搅拌电机、进水电磁阀、排水蝶阀以及出料蝶阀的开闭；振动筛分模块［图 5.7（c）］主要控制抽料泵、喷水电磁阀、筛分电机以及各出料电动推缸的开闭；逻辑自检报警模块［图 5.7（d）］主要针对程序自检过程中可能出现的逻辑错误和

故障进行报警提示；水流动态显示模块［图 5.7（e）］，主要是对设备
运行过程中的注水、排水、抽泵、物料转移，筛分注料以及筛分出料等
涉及湿物料流程的动态显示；时间参数换算模块［图 5.7（f）］主要是
将编程中的毫秒单位转换为秒，利于技术人员通过触摸屏操作进行观察
判断，便于更好地掌控运行状态参数。

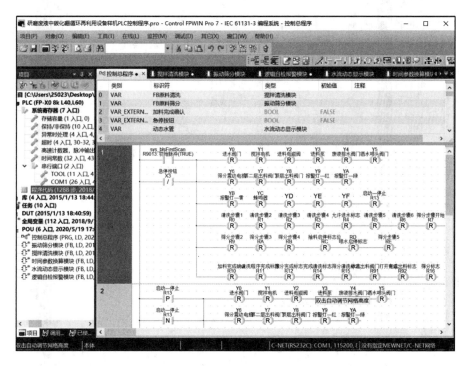

（a）PLC 控制总程序

研磨废液中碳化硼回收技术与应用

（b）搅拌清洗模块

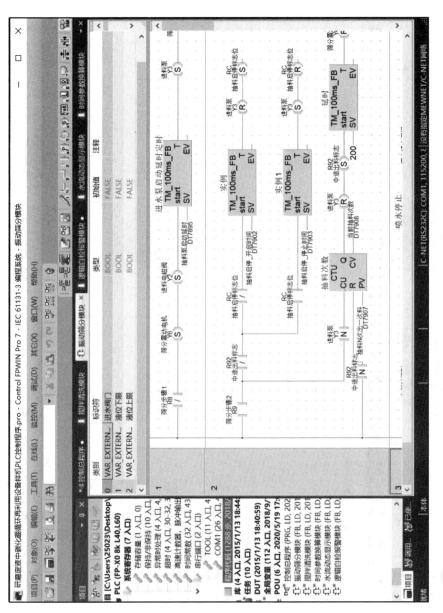

（c）振动筛分模块

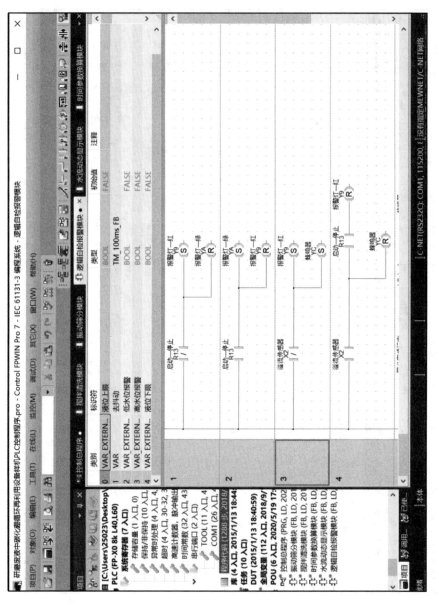

（d）逻辑自检报警模块

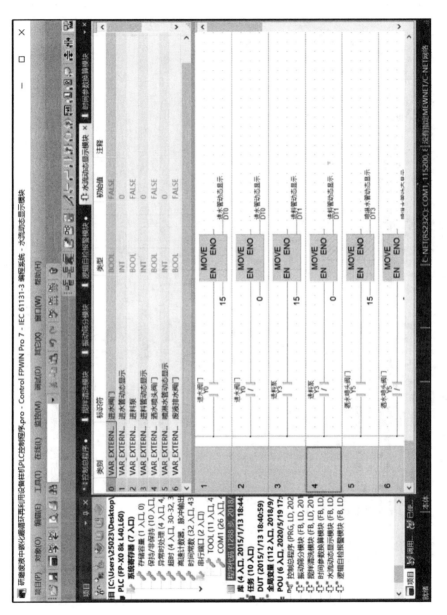

（e）水流动态显示模块

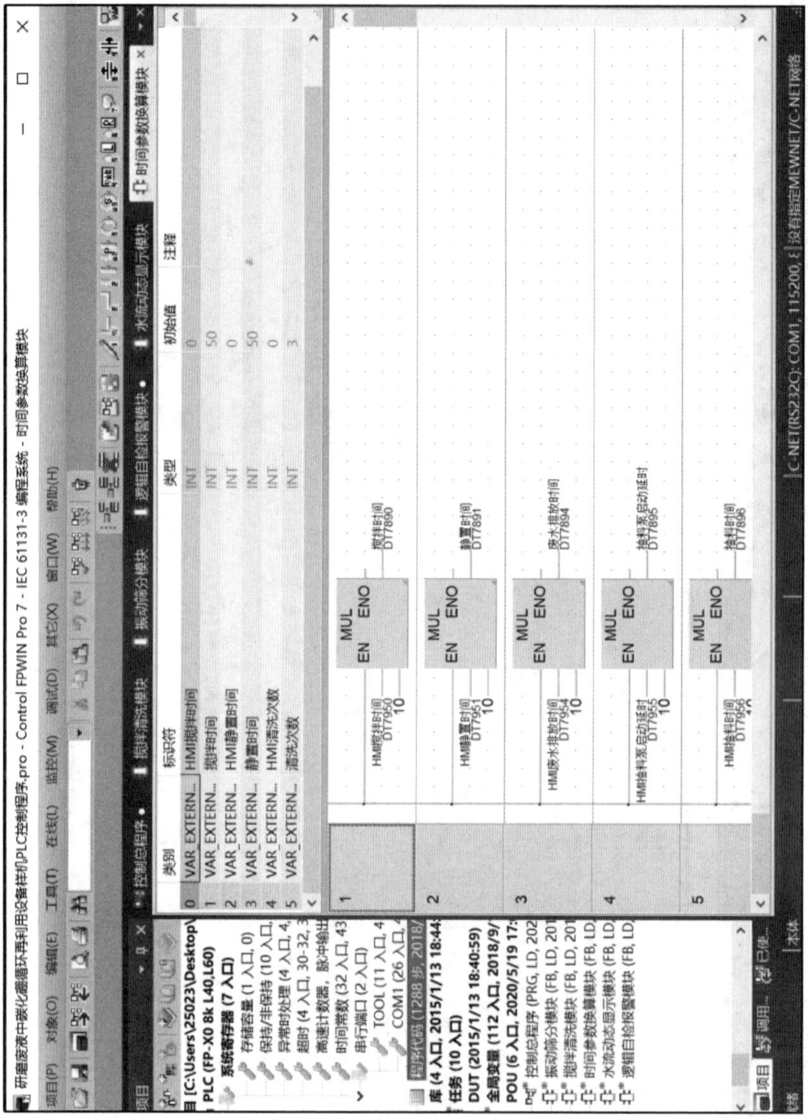

图 5.7　PLC 控制程序梯形图

（f）时间参数换算模块

二、触摸屏显示

在上述 PLC 控制程序和设备工序时间统计的基础上，采用威纶通触摸屏官网提供的软件"EasyBuiderProV6.01.02"对碳化硼循环再利用设备样机的触摸屏界面显示进行设计，系统框架如图 5.8 所示。

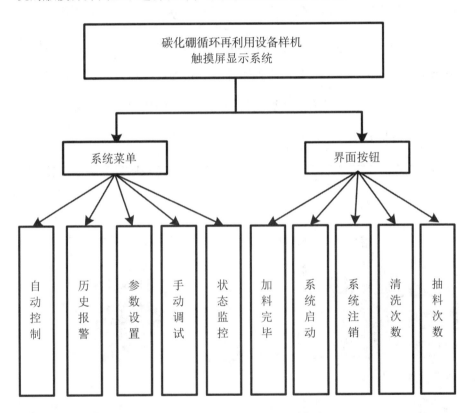

图 5.8 触摸屏界面显示系统框架

触摸屏的显示主要包括系统的主界面、手动控制界面、参数设置界面、自动控制界面、报警记录界面、状态监测界面等。作业中通过系统所控制的清洗搅拌装置、转料抽泵、筛分装置等核心构件,作业流程路线图,参数时间设置以及报警记录等功能显示,通过触摸屏进行操作,设备开机后,PLC控制程序逻辑自检(所有阀门、筛网出口电动缸是否为关闭状态,自检无误,绿色指示灯亮;若出现错误故障报警,黄色指示灯亮,提示技术人员干预处理),无异常报警,便可作业。自动程序运行完毕,系统会有蜂鸣报警提示音,并伴有红色警报灯闪烁亮起,即作业完毕。触摸屏的各界面显示效果如图5.9所示。

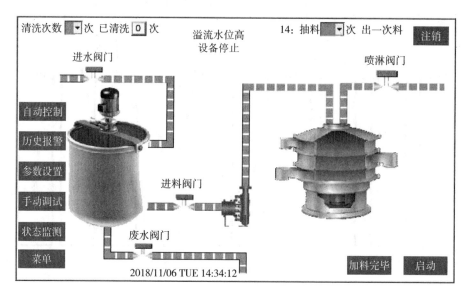

(a)系统主界面

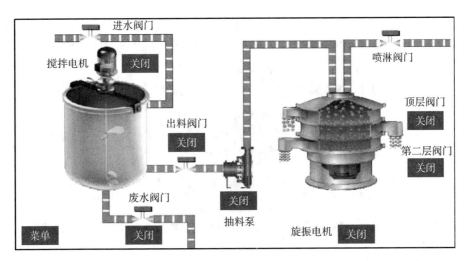

（b）自动控制界面

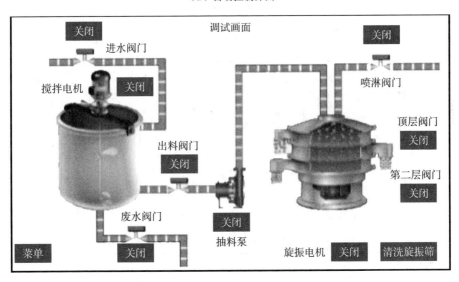

（c）手动控制界面

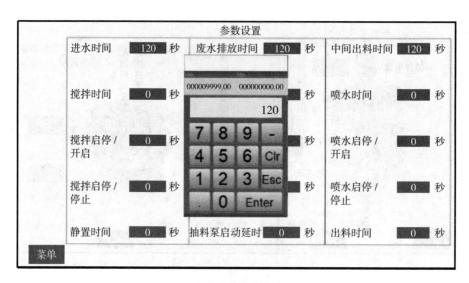

（d）参数设置界面

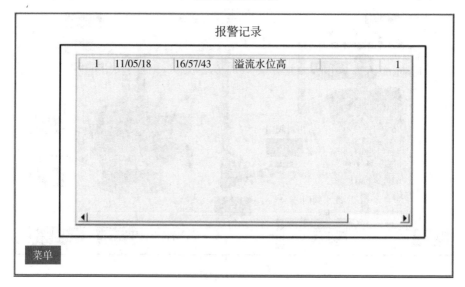

（e）报警记录界面

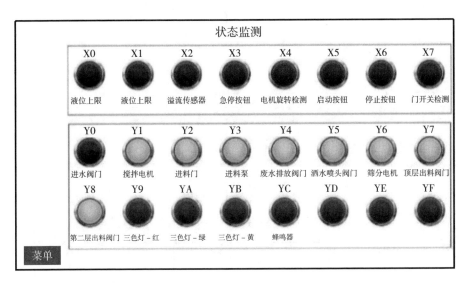

（f）状态监测界面

图 5.9　触摸屏各显示界面

三、电路控制系统

通过上述相关结构硬件设计制作、PLC 控制程序开发以及触摸屏显示界面设计，结合样机工作流程，对照各电器元件的功能，绘制出设备功能所对应电路控制系统的总流程[92]，如图 5.10 所示。最后将 PLC、电源、继电器等电器元件制作集成在电控柜中，其实物电控柜中的电路控制系统如图 5.11 所示。

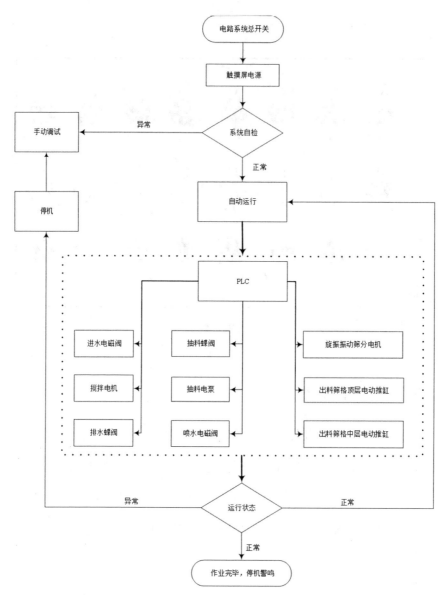

图 5.10 控制系统总流程

（a）电路系统排线

（b）电路系统封装

图 5.11　样机电路控制系统

第三节　样机应用与检测

一、样机调试应用

碳化硼循环再利用设备样机制作完成后经过反复运行与调试，统计出最佳回收效果的工序时间为 55 min20 s，即约为 1 h，周期时间不长，便于当班工人或技术人员使用，如表 5.2 所示。其中，搅拌清洗循环的次数在样机清洗搅拌桶尺寸已定的条件下，每次定量加入的待处理废料不大于 30 kg。基于此，通常清洗循环次数选择 3 即可，若待处理废料水分较少（风干固化），可视情选择 4 ~ 5 次。

设备样机应用过程中，结合生产实际，先对待处理废料 F240-W 进行预处理，主要是磁槽除杂（除去铁屑等磁性杂质）和网篓除渣（网孔规格选用100目即150μm，除去大颗粒渣滓等）。而后将废料添加样机废料入口，进入清洗搅拌桶内，进而执行自动程序，最终完成废料的分级出料。样机应用的主要过程如图 5.12 所示。

表 5.2　样机工序时间统计

序号	步骤			时长/s	循环	各阶段时长/s	各总阶段时长/s
1	启动			10		10	10
2	开启缓冲	进水		120		120	
3	搅拌清洗 1 次	搅拌时长	搅拌启	5	18	180	1 980
			搅拌停	5			
		静置		300		300	
		废料蝶阀打开延时		10		10	
		废水排放		40		40	
		废料蝶阀关闭延时		10		10	
4	搅拌清洗循环			0	3		0
5	启动旋振筛			0		0	0
6	启动搅拌电机			0		0	0
7	抽料蝶阀打开延时			10		10	10
8	第 1 次筛分出料			1	3	93	1 320
				30		10	
				12		12	
				3		30	
				5		10	
				10		12	
				12			
9	筛分出料循环			10	10		
10	总时长						3 320 s 55 min 20 s

图 5.12 样机应用简要过程

设备样机应用过程中，自动程序的具体流程步骤如下。

（1）进水电磁阀开通，同时搅拌电机启动开始搅拌。

（2）加水至上液位传感器指定位置后，进水电磁阀关闭，停止进水。

（3）在上液位传感器限定进水量的同时，PLC里有120 s的进水时间约束，实现逻辑保护。

（4）停止搅拌，静置300 s。

（5）排水电磁阀开通，排放洗涤水40 s，至下液位传感器指定位置后，排水电磁阀关闭，停止排水。

（6）循环步骤（1）至（5）五步操作3次。

（7）进水电磁阀开通。

（8）加水至上液位传感器指定位置后（进水40 s），关闭进水电磁阀，停止进水。

（9）进水的同时搅拌电机启动开始搅拌。

（10）振动筛启动（筛网出口电动缸初始状态默认为关闭）。

（11）洒水喷头进水电磁阀开通，开始喷水作业。

（12）进料电磁蝶阀开通。

（13）抽料泵启动，开始抽料作业，每抽1 s筛30 s。

（14）循环（13）步骤3次后停止，开启顶层和中间层电缸阀门。

（15）启动振动筛，每喷水3 s停5 s，依次循环，共30 s。

（16）循环筛分出料10次后，关闭两出料口电动缸。各开关复位。

上述自动执行步骤中出现的次数、时间等参数，均可视具体待处理废料的客观实际，进行相应的灵活调整和参数设置。此外，自动程序既是自

动模式的作业流程，也可用作手动模式下的人工干预操作，具体步骤以此

类推即可。

二、回收效果检测

依托碳化硼循环再利用设备样机进行多次实验进行多样品随机抽检。

应用三目透反射金相显微镜 CMY–310（显微镜实物如图 5.13 所示，其性

能参数如表 5.3 所示）对回收的碳化硼颗粒物进行检测（图 5.14）。分别

对样机应用实验中获得的中层和底层回收的碳化硼物料烘干成粉后进行显

微镜检测，如图 5.15 所示。显而易见，在同等显微倍数（目镜 × 物镜：

10×10=100 倍）条件下观察，中层回收的碳化硼颗粒（大于 40μm 粒径

的再利用目标碳化硼颗粒）明显比底层回收的碳化硼颗粒（小于 40μm 粒

径的转作耐火材料的碳化硼颗粒）在粒径上要大得多。

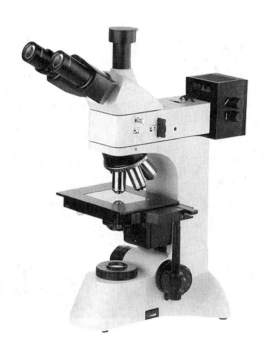

图 5.13 三目透反射金相显微镜 CMY-310

表 5.3 三目透反射金相显微镜 CMY-310 技术参数

序号	名称	技术参数
01	平场目镜	大视野 WF10X（Φ22 mm）、16X（Φ11 mm）
02	长距消色差物镜	PLL5X/0.12、10X/0.25、40X/0.40、60X/0.60、80X/0.75
03	总放大倍数	50× ~ 1 600×
04	观察头	三目，铰链式 30° 倾斜可 360° 旋转
05	转换器	五孔（内向式滚珠内定位）
06	粗调调焦范围	粗微动同轴调焦，带锁紧和限位装置，微动格值：2μm
07	载物台	双层机械移动式
08	光瞳距离	53 ~ 75 mm
09	滤色片	蓝、磨砂
10	聚光镜	阿贝聚光镜 N.A.1.25，带可变光栏，可上下升降
11	落射照明系统	6 V 30 W 卤素灯，亮度可调 视场光栏、孔径光栏、滤色片转换装置
12	透射照明系统	6 V 30 W 卤素灯，亮度可调

研磨废液中碳化硼回收技术与应用

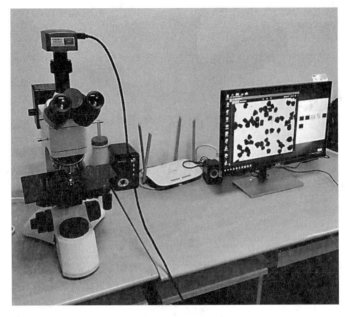

图 5.14　显微检测回收的碳化硼颗粒

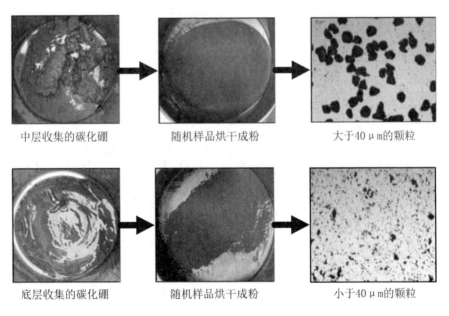

图 5.15　回收的碳化硼物料烘干成粉后进行显微镜检测

此外应用 UV-G 显微粒度软件生成碳化硼粒度分析报告（报告包括粒径个数统计图、粒径面积统计图、粒径分布图以及粒径累计分布图）便于直观分析回收碳化硼颗粒的检测效果。随机抽检三次实验回收的碳化硼粒度分析报告如图 5.16（中层平均粒径：62.3μm；底层平均粒径：4.6μm）、图 5.17（中层平均粒径：57.3μm；底层平均粒径：4.7μm）和图 5.18（中层平均粒径：52.3μm；底层平均粒径：4.4μm）所示。

需要说明两点：一是通过 UV-G 显微粒度软件对所检测的碳化硼颗粒进行分析，能够给出有效物平均直径、圆面积率、视场面积、内容物数目、内容物面积百分比、有效物数目、有效物面积、有效物面积百分比以及有效物密度等几十种数据。所测数据可以输出导入 Excel 表格。在 Excel 表格里能够自动对所检测的颗粒进行编号，所编的号跟颗粒序列号是一一对应的。由此可生成粒径个数统计表、粒径面积统计表、粒径分布表以及粒径累计分布表。二是 UV-G 显微粒度软件生成碳化硼粒度分析报告中，有 Dn10（μm）、Dn50（μm）和 Dn90（μm）数据。Dn10（μm）的意思是，如果把颗粒按照从小到大的顺序排列，编号为 1、2、3…N，那么"Dn10（μm）"就代表处于第（$N \times 10\%$）个位置的那个碳化硼颗粒的粒径。Dn50（μm）和 Dn90（μm）同理。

UV-G显微粒度分析报告

样　品:		测试日期:	
产　地:		委托部门:	
测试结果:			

平均直径(μm)	62.3		Dn10(μm):	51.6		Ds10(μm):	#NAME?
颗粒总面积(μm²)	87637.2		Dn50(μm):	64.1		Ds50(μm):	#NAME?
已测颗粒总数	27		Dn90(μm):	81.8		Ds90(μm):	#NAME?

颗粒直径分组(μm)	10	20	30	40	50	60	70	80	90	100	
颗粒直径分组(μm)	< 10	10~20	20~30	30~40	40~50	50~60	60~70	70~80	80~90	90~100	> 100
累计个数	1	1	1	1	3	12	18	24	27	27	27
累计面积(μm²)	17.1	17.1	17.1	17.1	2644.4	25124.1	45461.3	71563.5	87637.2	87637.2	87637.2
个数百分比(%)	3.7	0.0	0.0	0.0	7.4	33.3	22.2	22.2	11.1	0.0	0.0
面积百分比(%)	0.0	0.0	0.0	0.0	3.0	25.7	23.2	29.8	18.3	0.0	0.0
累计个数百分比(%)	3.7	3.7	3.7	3.7	11.1	44.4	66.7	88.9	100.0	100.0	100.0
累计面积百分比(%)	0.0	0.0	0.0	0.0	3.0	28.7	51.9	81.7	100.0	100.0	100.0

颗粒直径分组(μm)	120	130	140	150	170	200	>200
累计个数	27	27	27	27	27	27	27
累计面积(μm²)	87637.2	87637.2	87637.2	87637.2	87637.2	87637.2	87637.2
个数百分比(%)	100.0	0.0	0.0	0.0	0.0	0.0	0.0
面积百分比(%)	100.0	0.0	0.0	0.0	0.0	0.0	0.0
累计个数百分比(%)	100.0	100.0	100.0	100.0	100.0	100.0	100.0
累计面积百分比(%)	100.0	100.0	100.0	100.0	100.0	100.0	100.0

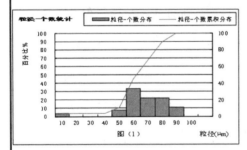

图（1）

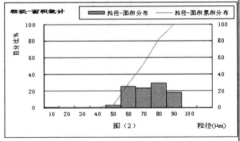

图（2）

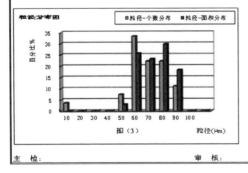

图（3）

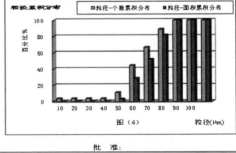

图（4）

主　检:	审　核:	批　准:

（a）中层物料检测报告 I

UV-G显微粒度分析报告

样　品：		测试日期：	
产　地：		委托部门：	
测试结果：			

平均直径(μm)	4.6	D$_n$10(μm)：	1.1	D$_n$10(μm)：	#NAME?
颗粒总面积(μm^2)	50268.6	D$_n$50(μm)：	3.2	D$_n$50(μm)：	#NAME?
已测颗粒总数	1489	D$_n$90(μm)：	9.4	D$_n$90(μm)：	#NAME?

颗粒直径分组(μm)	10	20	30	40	50	60	70	80	90	100	
颗粒直径分组(μm)	<10	10-20	20-30	30-40	40-50	50-60	60-70	70-80	80-90	90-100	>100
累计个数	1359	1468	1482	1487	1489	1489	1489	1489	1489	1489	1489
累计面积(μm^2)	18358.8	35161.5	42052.9	46978.5	50268.6	50268.6	50268.6	50268.6	50268.6	50268.6	50268.6
个数百分比(%)	91.3	7.3	0.9	0.3	0.1	0.0	0.0	0.0	0.0	0.0	0.0
面积百分比(%)	36.5	33.4	9.8	6.5	0.0	0.0	0.0	0.0	0.0	0.0	0.0
累计个数百分比(%)	91.3	98.6	99.5	99.9	100.0	100.0	100.0	100.0	100.0	100.0	100.0
累计面积百分比(%)	36.5	69.9	83.7	93.5	100.0	100.0	100.0	100.0	100.0	100.0	100.0

颗粒直径分组(μm)	120	130	140	150	170	200	>200
累计个数	1489	1489	1489	1489	1489	1489	1489
累计面积(μm^2)	50268.6	50268.6	50268.6	50268.6	50268.6	50268.6	50268.6
个数百分比(%)	100.0	0.0	0.0	0.0	0.0	0.0	0.0
面积百分比(%)	100.0	0.0	0.0	0.0	0.0	0.0	0.0
累计个数百分比(%)	100.0	100.0	100.0	100.0	100.0	100.0	100.0
累计面积百分比(%)	100.0	100.0	100.0	100.0	100.0	100.0	100.0

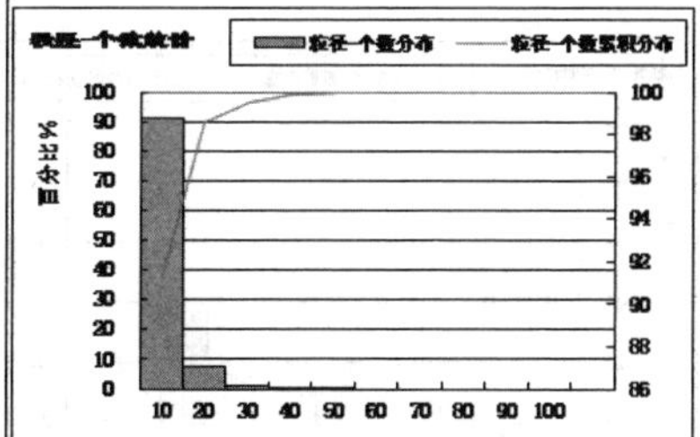

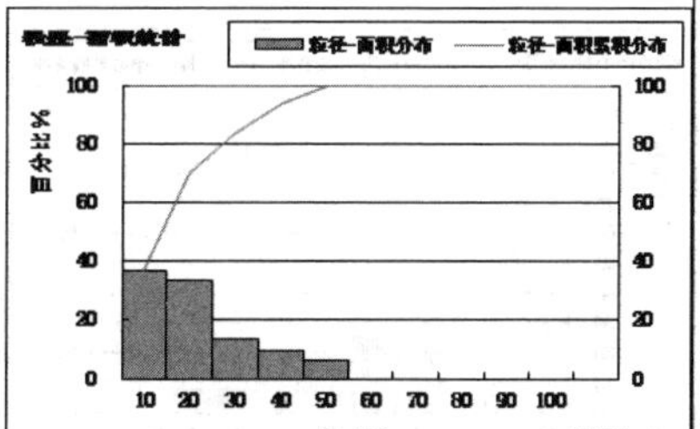

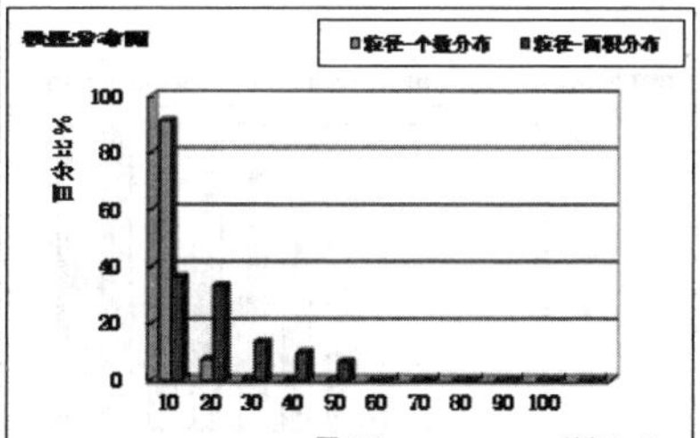

图（1）

图（2）

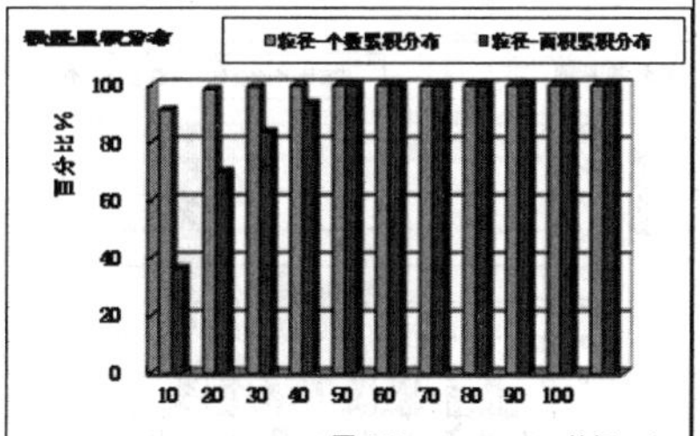

图（3）

图（4）

主　检：	审　核：	批　准：

（b）底层物料检测报告 I

图 5.16　检测报告 I

UV-G显微粒度分析报告

样　品:		测试日期:	
产　地:		委托部门:	
测试结果:			

平均直径(μm)	57.3		Dn10(μm):	31.0		Da10(μm):	#NAME?
颗粒总面积(μm²)	237239.5		Dn50(μm):	50.2		Da50(μm):	#NAME?
已测颗粒总数	92		Dn90(μm):	62.3		Da90(μm):	#NAME?

颗粒直径分组(μm)	10	20	30	40	50	60	70	80	90	100	
颗粒直径分组(μm)	<10	10-20	20-30	30-40	40-50	50-60	60-70	70-80	80-90	90-100	>100
累计个数	0	5	8	19	43	60	78	85	92	92	92
累计面积(μm²)	0.0	1485.4	3215.4	22650.0	57305.4	79340.2	104472.4	142696.5	237239.5	237239.5	237239.5
个数百分比(%)	0.0	5.4	3.3	12.0	26.1	18.5	19.6	7.6	7.6	0.0	0.0
面积百分比(%)	0.0	0.6	0.7	8.2	14.6	9.3	10.6	16.1	39.9	0.0	0.0
累计个数百分比(%)	0.0	5.4	8.7	20.7	46.7	65.2	84.8	92.4	100.0	100.0	100.0
累计面积百分比(%)	0.0	0.6	1.4	9.5	24.2	33.4	44.0	60.1	100.0	100.0	100.0

颗粒直径分组(μm)	120	130	140	150	170	200	>200
累计个数	92	92	92	92	92	92	92
累计面积(μm²)	237239.5	237239.5	237239.5	237239.5	237239.5	237239.5	237239.5
个数百分比(%)	0.0	0.0	0.0	0.0	0.0	0.0	0.0
面积百分比(%)	0.0	0.0	0.0	0.0	0.0	0.0	0.0
累计个数百分比(%)	100.0	100.0	100.0	100.0	100.0	100.0	100.0
累计面积百分比(%)	100.0	100.0	100.0	100.0	100.0	100.0	100.0

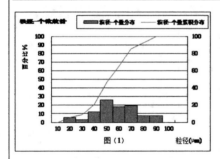

图 (1)

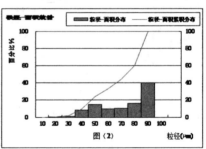

图 (2)

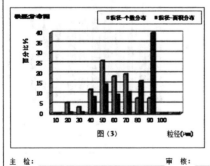

图 (3)

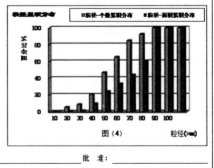

图 (4)

主　检: _____　　审　核: _____　　批　准: _____

（a）中层物料检测报告 II

UV-G显微粒度分析报告

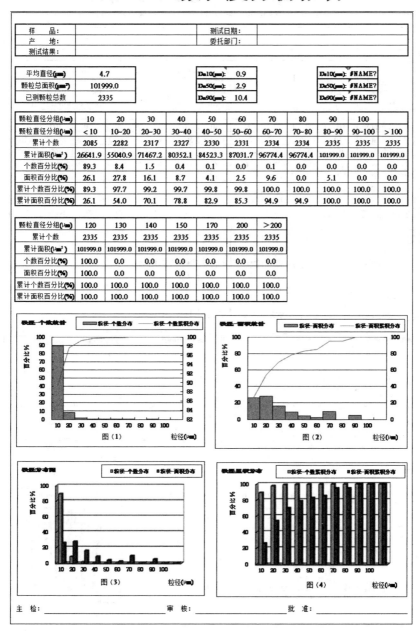

样　品:		测试日期:	
产　地:		委托部门:	
测试结果:			

平均直径(μm)	4.7	D<10(μm):	0.9		D(μm):	#NAME?
颗粒总面积(μm²)	101999.0	D<50(μm):	2.9		D(μm):	#NAME?
已测颗粒总数	2335	D<90(μm):	10.4		D(μm):	#NAME?

颗粒直径分组(μm)	10	20	30	40	50	60	70	80	90	100	
颗粒直径分组(μm)	<10	10~20	20~30	30~40	40~50	50~60	60~70	70~80	80~90	90~100	>100
累计个数	2085	2282	2317	2327	2330	2331	2334	2334	2335	2335	2335
累计面积(μm²)	26641.9	55040.9	71467.2	80352.1	84523.3	87031.7	96774.4	96774.4	101999.0	101999.0	101999.0
个数百分比(%)	89.3	8.4	1.5	0.4	0.1	0.0	0.1	0.0	0.0	0.0	0.0
面积百分比(%)	26.1	27.8	16.1	8.7	4.1	2.5	9.6	0.0	5.1	0.0	0.0
累计个数百分比(%)	89.3	97.7	99.2	99.7	99.8	99.8	100.0	100.0	100.0	100.0	100.0
累计面积百分比(%)	26.1	54.0	70.1	78.8	82.9	85.3	94.9	94.9	100.0	100.0	100.0

颗粒直径分组(μm)	120	130	140	150	170	200	>200
累计个数	2335	2335	2335	2335	2335	2335	2335
累计面积(μm²)	101999.0	101999.0	101999.0	101999.0	101999.0	101999.0	101999.0
个数百分比(%)	100.0	0.0	0.0	0.0	0.0	0.0	0.0
面积百分比(%)	100.0	0.0	0.0	0.0	0.0	0.0	0.0
累计个数百分比(%)	100.0	100.0	100.0	100.0	100.0	100.0	100.0
累计面积百分比(%)	100.0	100.0	100.0	100.0	100.0	100.0	100.0

主　检:	审　核:	批　准:

（b）底层物料检测报告Ⅱ

图 5.17　检测报告Ⅱ

UV-G显微粒度分析报告

样　品:		测试日期:	
产　地:		委托部门:	
测试结果:			

平均直径(µm)	52.3	Dn10(µm):	34.6	Dv10(µm):	#NAME?
颗粒总面积(µm²)	234316.9	Dn50(µm):	54.5	Dv50(µm):	#NAME?
已测颗粒总数	109	Dn90(µm):	61.4	Dv90(µm):	#NAME?

颗粒直径分组(µm)	10	20	30	40	50	60	70	80	90	100	
颗粒直径分组(µm)	<10	10~20	20~30	30~40	40~50	50~60	60~70	70~80	80~90	90~100	>100
累计个数	0	2	8	48	78	99	106	108	109	109	109
累计面积(µm²)	0.0	1882.0	5678.4	35566.2	82366.8	152156.8	224106.9	228606.9	234316.9	234316.9	234316.9
个数百分比(%)	0.0	1.8	5.5	36.7	27.5	19.3	6.4	1.8	0.9	0.0	0.0
面积百分比(%)	0.0	0.8	1.6	12.8	20.0	29.8	30.7	1.9	2.4	0.0	0.0
累计个数百分比(%)	0.0	1.8	7.3	44.0	71.6	90.8	97.2	99.1	100.0	100.0	100.0
累计面积百分比(%)	0.0	0.8	2.4	15.2	35.2	64.9	95.6	97.6	100.0	100.0	100.0

颗粒直径分组(µm)	120	130	140	150	170	200	>200
累计个数	109	109	109	109	109	109	109
累计面积(µm²)	234316.9	234316.9	234316.9	234316.9	234316.9	234316.9	234316.9
个数百分比(%)	0.0	0.0	0.0	0.0	0.0	0.0	0.0
面积百分比(%)	0.0	0.0	0.0	0.0	0.0	0.0	0.0
累计个数百分比(%)	100.0	100.0	100.0	100.0	100.0	100.0	100.0
累计面积百分比(%)	100.0	100.0	100.0	100.0	100.0	100.0	100.0

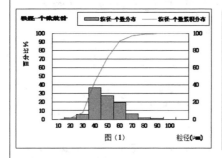

图(1)

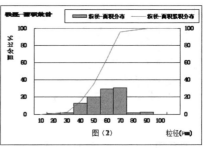

图(2)

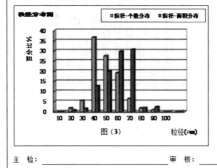

图(3)

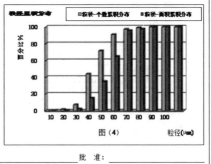

图(4)

主检:	审核:	批准:

（a）中层物料检测报告 III

UV-G显微粒度分析报告

样　　品：		测试日期：	
产　　地：		委托部门：	
测试结果：			

平均直径(μm)	4.4		$D_{a}10(\mu m)$:	0.9		$D_{a}10(\mu m)$:	#NAME?
颗粒总面积(μm^2)	41166.6		$D_{a}50(\mu m)$:	3.1		$D_{a}50(\mu m)$:	#NAME?
已测颗粒总数	1528		$D_{a}90(\mu m)$:	10.1		$D_{a}90(\mu m)$:	#NAME?

颗粒直径分组(μm)	10	20	30	40	50	60	70	80	90	100	
颗粒直径分组(μm)	<10	10~20	20~30	30~40	40~50	50~60	60~70	70~80	80~90	90~100	>100
累计个数	1374	1523	1528	1528	1528	1528	1528	1528	1528	1528	1528
累计面积(μm^2)	19294.8	39080.4	41166.6	41166.6	41166.6	41166.6	41166.6	41166.6	41166.6	41166.6	41166.6
个数百分比(%)	89.9	9.8	0.3	0.0	0.0	0.0	0.0	0.0	0.0	0.0	0.0
面积百分比(%)	46.9	48.1	5.1	0.0	0.0	0.0	0.0	0.0	0.0	0.0	0.0
累计个数百分比(%)	89.9	99.7	100.0	100.0	100.0	100.0	100.0	100.0	100.0	100.0	100.0
累计面积百分比(%)	46.9	94.9	100.0	100.0	100.0	100.0	100.0	100.0	100.0	100.0	100.0

颗粒直径分组(μm)	120	130	140	150	170	200	>200
累计个数	1528	1528	1528	1528	1528	1528	1528
累计面积(μm^2)	41166.6	41166.6	41166.6	41166.6	41166.6	41166.6	41166.6
个数百分比(%)	100.0	0.0	0.0	0.0	0.0	0.0	0.0
面积百分比(%)	100.0	0.0	0.0	0.0	0.0	0.0	0.0
累计个数百分比(%)	100.0	100.0	100.0	100.0	100.0	100.0	100.0
累计面积百分比(%)	100.0	100.0	100.0	100.0	100.0	100.0	100.0

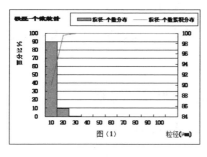

图（1）

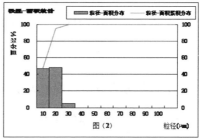

图（2）

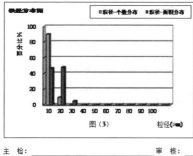

图（3）

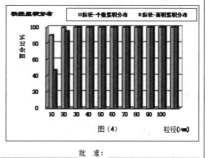

图（4）

主　检：_____　　　审　核：_____　　　批　准：_____

（b）底层物料检测报告 III

图 5.18　检测报告 III

由上述三组实验随机抽取样品的检测报告可知，中层回收的碳化硼物料平均粒径：57.3μm。底层回收的碳化硼物料平均粒径：4.57μm。就粒径方面而言是满足回收再利用条件的，因此，基于粒径层面，碳化硼循环再利用设备样机满足要求。

三、回收率的测定

1. 测定方法的设计

（1）向量杯中添加待筛分的研磨废料，加水稀释搅拌后，读取混合物体积，记为 V_1；用电子秤称量待筛分的研磨废料和量杯的总质量，记为 $m_总$。

（2）将待筛分的研磨废料加入碳化硼研磨液循环再利用设备的搅拌桶中，用电子秤称量此时量杯的质量，记为 m_1。

（3）启动碳化硼研磨液循环再利用设备，使设备按照设定参数进行筛分。

（4）待筛分完成后，取出大于40μm研磨料收集桶。

（5）取另一个洁净的量杯，称量该量杯的质量，记为 $m_{量杯}$，将大于40μm研磨料收集桶的混合物全部倒入量杯中，待液面稳定后，读取此时混合物体积，记为 V_2。

（6）用电子秤称量此时量杯的总质量，记为 m_2。根据混合物质量与体积的关系表达式，计算筛分前添加的研磨料总质量 $m_{添加研磨料}$ 和筛分后收集的大于40μm研磨料的总质量 $m_{大于40μm添加研磨料}$。

假设 $m_{添加研磨料}=x$；$m_水=y$，单位为g。

则

$$\begin{cases} x+y=m_{总}-m_1 \\ \dfrac{x}{\rho_{碳化硼}} + \dfrac{y}{\rho_{水}} = V_1 \end{cases} \rightarrow x = \dfrac{\dfrac{m_{总}-m_1}{\rho_{水}} - V_1}{\dfrac{1}{\rho_{水}} - \dfrac{1}{\rho_{碳化硼}}} \tag{5.1}$$

即

$$m_{添加研磨料} = \dfrac{\dfrac{m_{总}-m_1}{\rho_{水}} - V_1}{\dfrac{1}{\rho_{水}} - \dfrac{1}{\rho_{碳化硼}}} \tag{5.2}$$

同理，

$$m_{大于40\mu m研磨料} = \dfrac{\dfrac{m_2-m_{量杯}}{\rho_{水}} - V_2}{\dfrac{1}{\rho_{水}} - \dfrac{1}{\rho_{碳化硼}}} \tag{5.3}$$

（7）计算碳化硼研磨料筛分回收率：

$$\eta = \dfrac{m_{大于40\mu m研磨料}}{m_{添加研磨料}} \times 100\% \tag{5.4}$$

即

$$\eta = \dfrac{\dfrac{m_2-m_{量杯}}{\rho_{水}} - V_2}{\dfrac{m_{总}-m_1}{\rho_{水}} - V_1} \times 100\% \tag{5.5}$$

2. 方法可行性

为验证上述方法的可行性，采用研磨液混合物质量与体积关系求解碳化硼质量方案。

（1）取一定量的收集的大于 40μm 研磨液于 200 mL 量杯中，记录研磨液的体积，用电子秤称量此时量杯的总质量；

（2）将上述过程中的研磨液烘干，置于滤纸上称量其质量，上述测量的物理量数据见表 5.4；

（3）根据混合物质量与体积的关系表达式求解研磨料的质量，重复上述实验三次，记录数据，比较 $m_{理论计算研磨料}$ 与 $m_{实际烘干研磨料}$ 大小，并计算绝对误差 E_a［式（5.6）］，相对误差 E_γ［式（5.7）］。

$$E_a = m_{理论计算研磨料} - m_{实际烘干研磨料} \tag{5.6}$$

$$E_\gamma = \frac{m_{理论计算研磨料} - m_{实际烘干研磨料}}{m_{理论计算研磨料}} \tag{5.7}$$

若 E_a、E_γ 在误差允许的范围内（普通物理实验容许的误差范围为 ±10%，超过这个范围，则视为实验不成功），则可验证上述实验中采用研磨液混合物质量与体积关系表达式求解碳化硼质量的正确性。

通过三组验证实验（表 5.4）数据计算得出的绝对误差值和相对误差值可知，在误差允许的范围内，验证了采用研磨液混合物质量与体积关系表达式求解碳化硼质量的正确性，则上述测定方法可行。

表 5.4 验证实验数据

参数	实验一	实验二	实验三
200 mL 量杯质量	204.53	204.53	204.36
研磨液 + 量杯总质量	335.52	343.83	339.71
研磨液的体积 /mL	120	120	120
滤纸质量	1.00	1.03	0.99
滤纸 + 烘干研磨料质量	20.73	35.03	27.73
实际烘干研磨料质量	19.73	34.00	26.74
理论计算研磨料质量	18.32	32.17	25.58
绝对误差 E_a	−1.41	−1.83	−1.16
相对误差 E_γ	7.16%	5.39%	4.33%

3. 测定回收率

已知碳化硼的密度为 2.5 g/cm^3, 水的密度为 1.0 g/cm^3。由于研磨废液 F240–W 中所含物质主要是水和碳化硼,其余所含少量的 α – 氧化铝、有机物等物质,在样本容量较大的情况下,可忽略不计。为方便数据记录和计算,将上述方法中待测量的物理量进行单位统一,质量单位采用 g,体积单位采用 mL。通过设备样机随机进行三组实验,记录数据如表 5.5 所示。

表 5.5 随机实验数据

参数	实验一	实验二	实验三
$m_{总}$/g	12 705	12 180	11 340
m_1/g	630	630	630
V_1/mL	9 000	9 000	8 000
m_2/g	20 225	19 695	18 725
$m_{量杯}$/g	1 260	1 260	1 260
V_2/mL	17 200	17 000	16 000
$m_{添加研磨料}$/g	5 125	4 250	4 517
$m_{大于40\mu m研磨料}$/g	2 942	2 392	2 442
回收率 η	57.40%	56.27%	54.06%

基于回收率的测定方案思路设计,运用其核心理念已申请国家发明专利 1 项:"一种碳化硼研磨液自动配比系统"(已公开)。

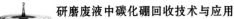

　　综上所述，通过该设备样机筛分回收的碳化硼研磨料能够再重复利用于配制研磨液，其平均回收利用率为 55.9%〔碳化硼平均回收利用率 =（57.40% + 56.27% + 54.06%）/3=55.9%〕。由此可知，若添加 100 kg 的碳化硼纯品磨料用于研磨，那么通过本书研究的设备样机处理后（样机每次处理量不大于 30 kg，每次运行时间 1 h 内，约 4 次即 4 h 可处理完毕），会得到 55.9 kg 可循环再利用的碳化硼。按照目前碳化硼的市场价计算，则百千克碳化硼原料循环再利用的直接经济效益非常可观。

第四节　研磨液自动配比系统

　　针对传统的碳化硼研磨液配比方式通过人工称量、测算等步骤完成，效率低、误差大。现有技术中碳化硼研磨液的自动配比方法的研究相对较少。在 LED 蓝宝石衬底晶片的研磨工艺过程中，为了实现资源的回收利用，通过回收系统得到物料（成分为碳化硼和水），再进行研磨液的配比，测量计算工作复杂，配比困难。同时，虽然其他工艺领域的自动配比方法研究较多，但对于碳化硼研磨液配比方面的借鉴应用价值不高、针对性不强。因此，在上述回收率测算理念基础上，开发设计了一种碳化硼研磨液自动配比系统，具体的技术流程如图 5.19 所示。

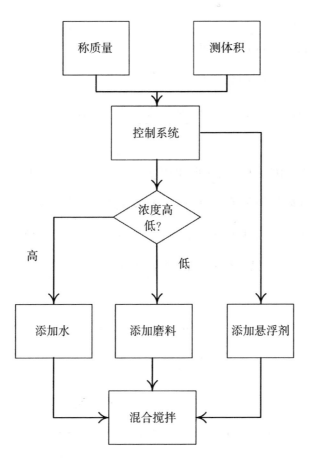

图 5.19　研磨液自动配比系统技术流程

一、$m-V$ 配比算法

$m-V$（即质量 – 体积）配比算法，主要是通过测距仪和称重仪测出待配比的搅拌配料装置的总质量和总体积，从而计算推导出搅拌配料装置内水和碳化硼各自的质量和体积，进而计算推导得出现有物料的浓度。然后比较现有物料的浓度与目标配比的浓度值，计算推导出需要添加的碳化硼或水的相应质量。最后根据目标配比的浓度值推导计算出悬浮液的对应质量。

$m-V$ 配比算法核心思路如下。

首先，碳化硼的质量分数公式：

$$混合液碳化硼质量分数 = \frac{碳化硼质量}{混合液总质量} \times 100\%$$

其次，不同浓度下的各种配比运算：

待配比桶内物料总重记为 m（去桶皮重），物料总体积记为 V，需加水体积记为 $V_{加水}$，需加碳化硼的质量记为 $m_{加碳化硼}$，需最终碳化硼的质量分数记为 ρ，桶内已含碳化硼的质量记为 $m_{碳化硼}$，桶内已含水的质量记为 $m_{水}$。

查资料可知：$\rho_{碳化硼}$ =2.5 g/cm^3；$\rho_{水}$ =1.0 g/cm^3。

（1）浓度太高，加水，则配比算法：

$$
\left|
\begin{array}{l}
m_{碳化硼} + m_{水} = m \\[2mm]
\dfrac{m_{碳化硼}}{2.5} + \dfrac{m_{水}}{1} = V \rightarrow V_{加水} = \dfrac{5(m-v)}{3\rho} - m \\[3mm]
\dfrac{m_{碳化硼}}{m + V_{加水} \times 1} = \rho
\end{array}
\right.
\tag{5.8}
$$

另 $V_{加水} = Q \times T$，其中：Q 为流量，T 为时间。

（2）浓度太低，加碳化硼，则配比算法：

$$
\left|
\begin{array}{l}
m_{碳化硼} + m_{水} = m \\[2mm]
\dfrac{m_{碳化硼}}{2.5} + \dfrac{m_{水}}{1} = V \quad \rightarrow V_{加碳化硼} = \dfrac{2m-5V}{3(\rho-1)} - m \\[3mm]
\dfrac{m_{碳化硼} + m_{加碳化硼}}{m + m_{加碳化硼}} = \rho
\end{array}
\right.
\tag{5.9}
$$

其中对碳化硼的添加可以通过实时称重，通过电磁阀的开关控制料桶内放出定量的碳化硼，进而实现碳化硼的定量添加。

（3）在上述可能情况基础上，处理好碳化硼与水的量比关系，最后确定需要添加悬浮液的量：

根据要配比的碳化硼浓度，即碳化硼、水、悬浮液的质量比（假设目标配比三者关系比例记为 $m_1 : m_2 : m_3$，实际三者重量分别记为 $m_{硼}$、$m_{水}$、$m_{悬}$），便可推导出需添加悬浮液相对碳化硼或水的质量计算结果：

$$m_{悬} = m_{硼} \frac{m_3}{m_1} = m_{水} \frac{m_3}{m_2}。$$

二、系统结构方案

研磨液自动配比方案主要包括搅拌配料装置、自动添加碳化硼装置、自动添加水装置、自动添加悬浮液装置以及控制系统等部分。搅拌配料装置的称重仪和测距仪（通过空高距离推算体积）将测量数据传输到控制系统，系统内部运行 $m-V$ 配比算法，与设置的浓度参数进行逻辑判断，若浓度高，就通过自动添加水装置加注定量水；若浓度低，就通过自动添加碳化硼添加定量碳化硼；而后通过自动添加悬浮液装置添加定量悬浮液，实现碳化硼、水、悬浮液三者的定量加入，最后通过控制搅拌电机实现物料的配比混合搅拌，完成碳化硼研磨液的自动配比。

具体的研磨液自动配比系统结构方案如图 5.20 所示，包括搅拌配料装置（图 5.20 中 1）、碳化硼添加装置（图 5.20 中 2）、水添加装置（图 5.20 中 3）、悬浮液添加装置（图 5.20 中 4）和控制系统（图 5.20 中 5）。

控制系统 5 包括控制面板、PLC 控制器（图 5.20 中 501）、测距仪（图

5.20 中 502）和两个称重仪（图 5.20 中 503）。PLC 控制器和控制面板通过电路系统连接。PLC 控制器内置 $m-V$ 配比算法。

搅拌配料装置 1 包括置于称重仪（图 5.20 中 503）上的配料桶（图 5.20 中 101），以及搅拌器（图 5.20 中 103）和搅拌电机（图 5.20 中 102）。配料桶顶部开设有进料口。搅拌电机安装在配料桶（图 5.20 中 101）上方。测距仪（图 5.20 中 502）布置在配料桶上方。测距仪通过超声测量配料桶内空高，并将数据信号传至 PLC 控制器（图 5.20 中 501）。搅拌器位于配料桶内。搅拌器的上端与搅拌电机的输出轴连接。

碳化硼添加装置（图 5.20 中 2），如图 5.21 所示，包括置于称重仪（图 5.21 中 503）上的碳化硼磨料桶（图 5.21 中 201）。碳化硼磨料桶的底部设置有出料口。碳化硼磨料桶的出料口通过电磁阀（图 5.21 中 202）及碳化硼进料管（图 5.21 中 203）与进料口相通。碳化硼的定量加入，是通过电磁阀放出碳化硼，称重仪实时称重。当到达放出量时，反馈信号，PLC 控制器控制电磁阀关闭，实现定量物料的倾倒。

水添加装置（图 5.20 中 3）包括储水桶（图 5.20 中 302）和抽水泵（图 5.20 中 301）。抽水泵的进水口通过管路与储水桶相通，出水口通过进水管与配料桶（图 5.20 中 101）相通。

悬浮液添加装置（图 5.20 中 4）包括储悬浮液桶（图 5.20 中 402）和蠕动泵（图 5.20 中 401）。蠕动泵的进液口通过管路与储悬浮液桶相通，出液口通过悬浮液进液管与配料桶（图 5.20 中 101）相通。

电磁阀（图 5.21 中 202）、搅拌电机（图 5.20 中 102）、抽水泵（图 5.20 中 301）和蠕动泵（图 5.20 中 401）电性连接 PLC 控制器（图 5.20 中

501）。工作时，通过控制面板设置需要配比的浓度。PLC 控制器接收称重仪（图 5.20 中 503）和测距仪（图 5.20 中 502）的数据信号，通过运行 $m\text{-}V$ 配比算法分析计算需要添加的碳化硼量、水量和悬浮液量。PLC 控制器通过输出模块分别控制电磁阀（图 5.21 中 202）、抽水泵（图 5.20 中 301）和蠕动泵（图 5.20 中 401）的开启或关停，定量向配料桶（图 5.20 中 101）中添加碳化硼、水和悬浮液。PLC 控制器（图 5.20 中 501）控制搅拌电机（图 5.20 中 102）进行混合搅拌。

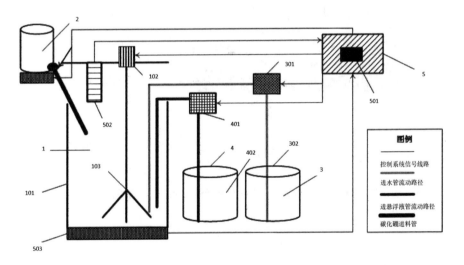

1—搅拌配料装置；101—配料桶；102—搅拌电机；103—搅拌器；2—碳化硼添加装置；3—水添加装置；301—抽水泵；302—储水桶；4—悬浮液添加装置；401—蠕动泵；402—悬浮液桶；5—控制系统；501—PLC 控制器；502—测距仪；503—称重仪。

图 5.20　研磨液自动配比系统

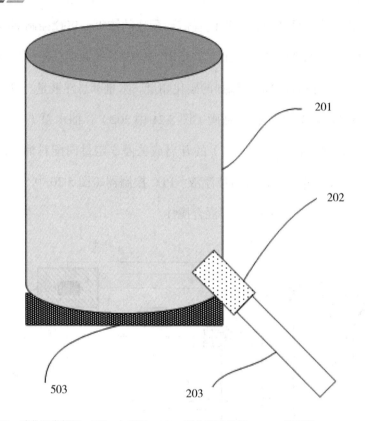

201—碳化硼磨料桶；202—电磁阀；203—碳化硼进料管；503—称重仪。

图 5.21　碳化硼添加装置

三、方案应用举例

以蓝宝石粗磨工艺中的研磨液回收物料的配比浓度参数，碳化硼：水：悬浮液三者质量比为 15 ： 29 ： 87 为例，其中悬浮液的密度为 1.76 g/cm³，则可知目标配比的碳化硼和水的混合浓度为 34%。另外，假设搅拌配料装置桶的直径为 40 cm，高度为 80 cm；所用抽水泵以 CSP38120X 型号的抽水泵（流量为 12 L/min）为例；所用蠕动泵以

YT600-1J-A 型号的大流量蠕动泵（流量为 11 L/min）为例，称重仪采用 S 型拉压力传感器称重传感器（量程上限 300 kg）。包括以下步骤。

（1）在控制面板设置配比方法、目标配比浓度、混合搅拌时间和搅拌速率。在本实例中，配比方法设为回收磨料配比。回收磨料配比研磨液中各物料配比的加注顺序为工业纯水、悬浮液和碳化硼新磨料。

（2）测距仪测量搅拌配料装置 1 内空高。称重仪 503 称取搅拌配料装置 1 内物料质量。去桶皮后物料总质量为 44 107.96 g，空高距离（即桶顶至液面的高度）为 53 cm。

（3）PLC 控制器分别运算得出搅拌配料装置 1 内水和碳化硼各自的质量和体积。待配比混合物的总体积为 33 929.2 cm^3 即 33.93 L 约 40 L，其中碳化硼的质量为 16 964.6 g，水的质量为 27 143.36 g，此时的浓度为 38%，高于 34%（目标配比浓度），浓度高，需要加水，加水质量可计算得知，为 5 654.87 g，即约为 5.65 L。最后计算得出添加悬浮液质量为 98 394.68 g，即约为 55.9 L（悬浮液密度为 1.76 g/cm^3）。

（4）PLC 控制器运算出待配比物料浓度，并对待配比研磨液浓度与目标配比浓度进行逻辑判断。

（5）本实例针对在工业生产实际中，研磨液清洗筛分的回收物料（成分为碳化硼和水）浓度高再配比问题，即搅拌配料桶内已有回收的部分碳化硼和水，且碳化硼浓度高于目标配比浓度（34%）如何实现自动配比的问题。

（6）PLC 控制器控制抽水泵抽取约 5.65 L 水，CSP38120X 抽水泵流量为 12 L/min，则抽取水的时间控制约为 29 s 即可完成水的定量添加。

（7）PLC 控制器控制蠕动泵抽取约 55.9 L 悬浮液，YT600–1J–A 型号的蠕动泵流量为 11 L/min，则抽取悬浮液的时间控制约为 305 s 即可完成悬浮液的定量添加。所用的悬浮液型号为 SHINEPOL100SC。

（8）PLC 控制器控制搅拌一定时间，碳化硼研磨液自动配比完成。其中，电机转速为 180 r/min，搅拌时间为 20 min。研磨液便可取走直接应用于蓝宝石衬底基片的研磨工序中去。

第五节　本章小结

本章在前期研究和设备结构设计的基础上，展开了对样机硬件结构的加工制作、软件控制系统的开发以及设备样机的实践应用等工作。首先对样机硬件结构主要零部件进行了研制和组装；其次，在样机的软件控制系统方面，着重对 PLC 控制程序、触摸屏显示以及电路控制系统等模块进行了开发设计和部署；再次，对样机进行了调试应用，同时展开了回收效果和回收率的测定；最后，结合样机开发和应用实际，开发设计了一套研磨液自动配比系统，提出了 $m–V$ 配比算法，设计了自动配比方案，并列举了系统方案的应用实例。

第六章 结论与展望

目前，我国 LED 衬底加工行业每年产生的研磨废液量有数千吨，对于废液中大量可循环再利用的碳化硼磨料未能进行有效回收，既浪费资源，又污染环境。本书针对研磨废液中碳化硼循环再利用问题展开相关研究。主要研究成果和结论如下。

（1）基于废料整体（F240-W）、废液（F240-WL）和废固（F240-WS）物化特性三个层面的研究，提出了一种针对研磨废液可用水溶性溶剂进行固液分离，且可按固体颗粒粒径差异进行固固分离的新思路。

（2）基于研磨废液中碳化硼分离方法的理论和实验对比分析，运用AHP 法对常规过滤法、离心分离法、重力沉降法以及振动筛分法四种分离方法进行了建模和计算，选出振动筛分法作为最优的碳化硼回收方法。

（3）基于振动筛分法，在碳化硼回收设备初步设计的基础上，利用TRIZ 理论中的"九屏幕法"和"SAFC 分析模型"对设备结构进行优化再设计，确定了最终方案，并完成设备结构的详细设计。

（4）完成了样机实体的加工制作与控制系统的开发，并在生产现场进行了实际应用，实现了研磨废液中碳化硼的有效循环再利用。同时，提出了一套紧贴样机应用实际的回收率测定方案，并验证了其可行性，碳化硼平均回收率达到 55.9%。

（5）在研磨废液中碳化硼回收率测算理念基础上，开发设计了一种碳化硼研磨液自动配比系统。

上述研究成果已经形成 3 项知识产权，2 项国家发明专利（1 项已授权、1 项已公开），1 项计算机软件著作权（已授权）。

尽管通过研究，优选了分离方法，设计了回收设备的结构，开发了样机系统并进行了应用，得出了可观的数据结论和一定的研究成果。但在以下几个方面仍然有进一步探索的研究余地和价值空间。

（1）横向发展方面，通过应用过程中的跟踪问效，设备样机在大容量和智能化方面有待进一步优化改进，以期提高综合效益，实现更为高效的碳化硼磨料循环再利用。

（2）纵向深化方面，针对碳化硼循环再利用设备与其他工艺环节的承上启下的衔接问题，可展开物联网智能监控系统在该领域的应用研究，从而实现 LED 衬底清洁生产中各工艺环节的无缝衔接。

（3）推广应用方面，本书所提出的方法，设计的循环再利用方案以及开发的设备样机等研究成果可推广应用到其他磨料（如金刚石、单晶硅等）循环再利用等类似问题的研究中去，进一步扩大经济和生态效益。

参考文献

［1］程琪. 中国 LED 照明产业在全球照明市场的发展新方向［J］. 中国照明电器，2019（1）：16-23.

［2］观研报告网. 2019 年中国照明行业分析报告：市场运营现状与发展前景预测［R/OL］.［2021-05-10］. http://baogao.chinabaogao.com/zhaoming/434127434127.html.

［3］观研报告网. 2019 年中国通用照明行业分析报告：市场调查与发展趋势预测［R/OL］. http://baogao.chinabaogao.com/.

［4］Li X，Gao B，Gao S，et al. Recovery and reutilization of high-quality boron carbide from sapphire wafer grinding-waste［J］. Journal of Environmental Management，2018，224（OCT.15）：106-112.

［5］刘飞，曹华军，张华，等. 绿色制造的理论与技术［M］. 北京：科学出版社，2005.

［6］刘飞，张华，岳红辉. 绿色制造：现代制造业的可持续发展模式［J］. 中国机械工程，1998（9）：76-78.

［7］广东省标准化研究院. LED 照明产品绿色制造评价体系与典型案例分析［M］. 北京：中国质检出版社，中国标准出版社，2014.

［8］李聪波，刘飞，曹华军，等. 绿色制造运行模式及其实施方法［M］.

北京：科学出版社，2011.

［9］2019—2025 年中国蓝宝石衬底市场运营监测与发展前景预测（编号：

941994）［R］. 2019.

［10］产业研究报告网. 2018—2024 年中国蓝宝石衬底行业分析及战略

咨询报告［R/OL］.［2018-03-13］. http://www.chinairr.org/report/

R05/R0506/201803/13-255123.html.

［11］2015 年度国家技术发明奖获奖项目 一等奖：硅衬底高光效 GaN 基

蓝色发光二极管［J］. 今日科苑，2016（1）：5-6.

［12］何艳，苑泽伟，段振云，等. 单晶碳化硅晶片高效超精密抛光工艺

［J］. 哈尔滨工业大学学报，2019，51（1）：115-121.

［13］邢鹏飞，曹宝胜，李欣，等. 从蓝宝石粗研磨废料浆中回收碳化

硼并重复利用的方法：CN104692386A［P］. 2015-06-10.

［14］严茜. 从蓝宝石研磨废料中回收碳化硼的研究［D］. 沈阳：东北

大学，2015.

［15］严茜，都兴红，龙孟，等. 碳化硼的制备、应用与碳化硼研磨料的

回收前景［J］. 中国陶瓷，2015，51（4）：9-12.

［16］李欣，都兴红，李盼，等. 蓝宝石精磨专用碳化硼微粉的制备及其

分级研究［J］. 铁合金，2017，48（6）：16-21.

［17］李欣，高帅波，王帅，等. 一种用蓝宝石精研磨废料浆制备碳化硼

超微粉的方法：CN105693250A［P］. 2016-06-22.

［18］彭正军，祝增虎，诸葛芹，等. 一种从蓝宝石研磨废料中回收提纯

碳化硼的方法：CN107902659A［P］．2018-04-13．

［19］蔡佳霖，郑东．碳化硼研磨液回收循环再利用方法：CN108177088A
［P］．2018-06-19．

［20］吴龙宇，吴龙驹，徐会荣，等．碳化硼研磨蓝宝石产生的废液的提
纯工艺：CN106315585A［P］．2017-01-11．

［21］陈晓光，郭大为，孙洪亮．一种蓝宝石用抛光废浆中的碳化硼回收
利用的方法：CN103072989A［P］．2013-05-01．

［22］李保中，范林．一种提纯金刚石或立方氮化硼磨料的方法：
CN103043658A［P］．2013-04-17．

［23］李保中，范林．一种金刚石、立方氮化硼磨料或微粉的提纯方法：
CN103043632A［P］．2013-04-17．

［24］Wang J B，Wu K，Maezaki T，et al. Development of binder-free CMG
abrasive pellet and finishing performance on mono-crystal sapphire［J］.
Precision Engineering，2020，62（0）：40-46.

［25］Kubota A，Nagae S，Motoyama S. High-precision mechanical polishing
method for diamond substrate using micron-sized diamond abrasive grains
［J］. Diamond & Related Materials，2020（101）：107644.

［26］Nguyen V-T，Fang T-H. Molecular dynamics simulation of abrasive
characteri-stics and interfaces in chemical mechanical polishing［J］.
Applied Surface Science，2020（509）：144676.

［27］Namba Y，Ohnishi N，Yoshida S，et al. Ultra-precision float polishing
of calcium fluoride single crystals for deep ultra violet applications［J］.

CIRP Annals–Manufacturing Technology, 2004, 53（1）: 459-462.

［28］Kreppelt F, Weibel M, Zampini D, et al. Influence solution of chemistry on the hydrat–ion of polished clinker surfaces: a study of different types of polycarboxylic acidbased admixtures ［J］. Cement & Concrete Research, 2002, 32（2）: 187-198.

［29］Westman B, Miller B, Jue J–F, et al. Analysis and comparison of focused ion beam milling and vibratory polishing sample surface preparation methods for porosity study of U–Mo plate fuel for research and test reactors ［J］. Micron, 2018（110）: 57-66.

［30］Balz R, Mokso R, Narayanan C, et al. Ultra–fast X–ray particle velocimetry measurements within an abrasive water jet ［J］. Experiments in Fluids, 2013, 54（3）: 1476.

［31］Kumar J, Khamba J S. Modeling the material removal rate in ultrasonic machining of titani μ m using dimensional analysis ［J］. Int J Adv Manuf Technol, 2010（48）: 103-119.

［32］Khatri N, Tewary S, Mishra V. An experimental study on the effect of magneto–rheological finishing on diamond turned surfaces ［J］. Journal of Intelligent Material Systems and Structures, 2014（25）: 1631-1643.

［33］Bendikiene R, Ciuplys A, Kavaliauskiene L. Circular economy practice: from industrial metal waste to production of high wear resistant coatings ［J］. Journal of Cleaner Production, 2019（229）: 1225-1232.

［34］Hachichi K，Lami A，Zemmouri H，et al. Silicon recovery from kerf slurry waste：a review of current status and perspective［J］. Silicon，2018，4（10）：1579-1589.

［35］乾智惠，前泽明弘，永井佑树，等. 研磨材料淤浆的再生方法：CN108367410A［P］. 2018-08-03.

［36］Abdel-Mawla A O，Taha M A，El-Kady O A，et al. Recycling of WC-TiC-TaC-NbC-Co by zinc melt method to manufacture new cutting tools［J］. Results in Physics，2019（13）：102092.

［37］曹华军，李先广，陈鹏. 绿色制造高速干切滚齿工艺理论与关键技术［M］. 重庆：重庆大学出版社，2015.

［38］中国供应商／产品／碳化硼价格［R/OL］.［2019-12-25］. https://www.china.cn/search/x1so9v.shtml.

［39］2019—2025年中国碳化硼行业市场供需预测及投资战略研究（编号：931238）［R］. 2019.

［40］王如刚，陈振强，胡国永，等. 几种LED衬底材料的特征对比与研究现状［J］. 科学技术与工程，2006（2）：121-126.

［41］Tanikella B V，Simpson M A，Chinnakaruppan P. Sapphire substrates and methods of making same［P］. 2013-06-04.

［42］Malyukov S P，Klunnikova Y V. Complex investigations of sapphire crystals production［M］. Berlin：Springer International Publishing，2014：55-69.

［43］Jeong S-M，Kissinger S，Kim D-W，et al. Characteristic enhancement of the blue LED chip by the growth and fabrication on patterned sapphire（0001）substrate［J］. Journal of Crystal Growth，2009，312（2）：258–262.

［44］唐国宏，张兴华，陈昌麒. 碳化硼超硬材料综述［J］. 材料导报，1994（4）：69–72.

［45］严茜. 从蓝宝石研磨废料中回收碳化硼的研究［D］. 沈阳：东北大学，2015.

［46］Thevenot F. A review on boron carbide［J］. Key Engineer in Materials，1991（56–57）：59–88.

［47］吴高建，刘胜利，徐锡斌. 探索新型高温超导材料碳化硼的研究［J］. 低温物理学报，2003（S1）：269–271.

［48］王正军. 碳化硼抗弹陶瓷研究进展［J］. 硅酸盐通报，2008（1）：132–135.

［49］全国磨料磨具标准化技术委员会. 磨料磨具标准汇编磨料卷［M］. 北京：中国标准出版社，2018.

［50］万林林，戴鹏，刘志坚，等. 蓝宝石超精密研磨加工研究进展［J］. 兵器材料科学与工程，2018，41（1）：115–122.

［51］鲁聪达，王笑，文东辉，等. 超精密研磨技术及其发展的研究［J］. 现代制造工程，2008（3）：126–128.

［52］Li Z C，Pei Z J，Funkenbusch P D. Machining processesfor sapphire wafers：a literature review［J］. Proceedings of the Institution of Mechanical Engineers，Part B：Journal of Engineering Manufacture，

2011, 225（7）：975-989.

［53］Hu X K, Song Z, Pan Z, et al. Planarization machining of sapphire wafers with boron carbide and colloidal silica as abrasives［J］. Applied Surface Science, 2009, 255（19）：8230-8234.

［54］袁巨龙, 张飞虎, 戴一帆, 等. 超精密加工领域科学技术发展研究［J］. 机械工程学报, 2010, 46（15）：161-177.

［55］Zhang K H, Wen D H, Yuan J L. Research on the correlation between the surface quality and the abrasive grains wearin duallapping process of sapphire［J］. Key Engineering Materials, 2009（416）：137-141.

［56］张克华, 文东辉, 鲁聪达, 等. 蓝宝石衬底双面研磨的材料去除机理研究［J］. 中国机械工程, 2008（23）：2863-2866.

［57］杨建东, 田春林, 王长兴. 纳米级高速研磨技术［J］. 中国科学, 2007, 37（9）：1214-1223.

［58］Wen D H, Yuan J L, Zhang K H. Study on the abrasive effecting factors of the removal rate during dual-lapping sapphire wafer［J］. Key Engineering Materials, 2009（407/408）：550-554.

［59］李鹏鹏. 蓝宝石的高效固结磨料研磨研究［D］. 南京：南京航空航天大学, 2014.

［60］陶珍东, 郑少华. 粉体工程与设备［M］. 3版. 北京：化学工业出版社, 2015.

［61］张岩, 齐荣, 胡晓刚. 蓝宝石粗磨用研磨助剂、研磨液及它们的制备方法：CN105505316A［P］. 2017-08-01.

［62］吴秋芳. 超细粉末工程基础［M］. 北京：中国建材工业出版社，2016.

［63］袁惠新. 非均相混合物中颗粒的特性与分离技术［Z］. 中国上海，2009：501-509.

［64］袁惠新，冯斌，陆振曦. 混合物分离技术的选择［J］. 化工装备技术，1999（3）：8-14.

［65］King C J. Separation processes［M］. 2nd ed. New York：McGraw-Hill Book Company，1980.

［66］邓毛程. 氨基酸发酵生产技术［M］. 2版. 北京：中国轻工业出版社，2014.

［67］贾素云. 化工环境科学与安全技术［M］. 北京：国防工业出版社，2009.

［68］张龙，周明胜，聂玉光，等. 钨同位素离心分离的实验研究［J］. 同位素，2000（3）：129-134.

［69］王今，金绿松. 用离心逆流分配色谱仪分离 POLY I：C［J］. 生物物理学报，1990（3）：388-392.

［70］吴其胜，张少明，马振华. 湿法分级超细粉过程初探［J］. 硅酸盐通报，1995（6）：33-36.

［71］姚国新. 基于颗粒受力的粗颗粒沉降性质研究［D］. 赣州：江西理工大学，2014.

［72］Saaty T L，Bennett J P. A theory of analytical hierarchies applied to political candidacy［J］. Behavioral Science，1977，22（4）：237-

245.

［73］刘合香. 模糊数学理论及其应用［M］. 北京：科学出版社，
     2012：147-152.

［74］李浩. 基于结构方程模型的中国环境健康管理体系研究［D］. 北
     京：北京交通大学，2015.

［75］Linstone, Harold A, Turoff, et al. The Delphi method：techniques and
     applications［M］. MA：Addison-Wesley，1975：27-62.

［76］根里奇·阿奇舒勒. 寻找创新：TRIZ 入门［M］. 陈素勤，等，
     译. 北京：科学出版社，2013.

［77］别亮亮. 基于 TRIZ 理论与专利数据分析的产品创新设计机理研究
     及应用［D］. 广州：广东工业大学，2017.

［78］Domb E，Miller J. The 39 features of Altshuller's contradiction matrix
     ［J］. The TRIZ Journal，1988（11）：10-12.

［79］徐起贺，任中普，戚新波. TRIZ 创新理论实用指南［M］. 北京：
     北京理工大学出版社，2011.

［80］Ilevbare I M，Probert D，Phaal R. A review of TRIZ, and its benefits
     and challenges in practice［J］. Technovation，2013，33（2-3）：
     30-37.

［81］花黄伟，杨春燕. 基于因果分析的事元蕴含系及其应用研究［J］.
     智能系统学报，2017（1）：1-8.

［82］许俊强，赵清华，邹姝姝，等. TRIZ 理论"九屏幕法"应用于大
     学生科研立项的改革探析［J］. 广东化工，2011，38（5）：256-

257.

［83］於军，李迎，张嫚. TRIZ 之系统九屏幕法［J］. 企业管理，2019
（2）：98-100.

［84］李弘，颜惠庚，肖玉. TRIZ 理论中九屏幕法的几个问题［J］. 产
业与科技论坛，2012，17（11）：93-94.

［85］张武城，赵敏，陈劲，等. 基于 U-TRIZ 的 SAFC 分析模型［J］.
技术经济，2014，12（33）：7-13.

［86］赵敏，张武城，王冠殊. TRIZ 进阶及实战：大道至简的发明方法
［M］. 北京：机械工业出版社，2015.

［87］贺占胥. 一种振动筛：CN101670338［P］. 2010-03-17.

［88］张萍萍. 基于 PLC 的气动机械手控制系统设计［D］. 成都：电子
科技大学，2013.

［89］赵赟劼. 汽车换挡定位套筒自动装配关键技术研究与设备开发［D］.
杭州：浙江工业大学，2016.